echt EMF

Sandra Hunke

ICH ZEIG' EUCH, WO DER HAMMER HÄNGT!

Schluss mit alten Vorurteilen. Für mehr starke Frauen im Handwerk.

echt EMF

FSC
www.fsc.org
MIX
Papier | Fördert gute Waldnutzung
FSC® C145070

EMF ist eine Marke der Edition Michael Fischer

1. Auflage

Originalausgabe

Covergestaltung: Meritt Hettwer, unter Verwendung eines Motivs von Anuar Hammo, Make-up Artist: Melda Temiz

Redaktion: Marie von Benken, Veronika Weiß

Bildnachweis:
Vordere Innenklappe: Foto: Sebastian Reuter/Getty for Nowadays; Style: Rebekka Ruétz, Autumn/Summer 2022 Kollektion „rewritten_IDENTITY"
Hintere Innenklappe: Foto/Style: Sandra Hunke

Layout und Satz: Meritt Hettwer

Gedruckt bei GGP Media GmbH, Karl-Marx-Str. 24, 07381 Pößneck

Printed in Germany

ISBN 978-3- 374-592807-5

www.emf-verlag.de

INHALT

HALLO, IHR RABAUKEN!

Mein Name ist Sandra Hunke. Ich bin Anfang 30, Handwerkerin, Model, Autorin, Content Creatorin und baue gerade ein Mehrfamilienhaus mit fünf Wohneinheiten. Ich baue das Haus in Eigenregie, ausschließlich mit weiblichen Handwerkerinnen, und habe nebenbei deutlich über 700.000 Follower auf Instagram und TikTok.

Hätte das jemand meinem 14-jährigen Ich erzählt, hätte ich ihm wohl den Vogel gezeigt. Damals habe ich mich regelmäßig vor meinen Mitschülern auf der Hauptschule auf der Toilette versteckt; ich weiß genau, was Mobbing ist. Ich weiß, wie man sich fühlt, wenn einem von verschiedenen Seiten eingeredet wird, man würde nie eine vernünftige Karriere machen. Man wäre zu untalentiert oder einfach unfähig, über die Hauptschule hinaus irgendeinen Erfolg zu haben. Dass man Städte wie Paris, London, Hongkong, New York oder Barcelona höchstens im Fernsehen bewundern wird.

Ich weiß allerdings auch, wie es sich anfühlt, wenn man all den Hassrednern und Zweiflern der ersten 15 bis 20 Jahre seines Lebens sagen kann: Ich hoffe, ihr habt nicht zu viel Geld darauf verwettet, dass die kleine Sandra es nie zu etwas bringen würde, denn – Überraschung – das Geld ist weg!

Heute bin ich nicht mehr die Sandra Hunke, die man auf dem Schulhof belächelt und ausgelacht hat. Ich bin die Sandra Hunke, die man als DAS BAUMÄDCHEN kennt. Die Sandra Hunke, die jetzt gemütlich mit ihrer Tochter in einem schnittigen Premium-SUV zu unserem Pferd fahren und in der Sonne chillen könnte. Ich erwähne das Auto nicht, weil es irgendwas Besonderes wäre, ein schönes Auto zu besitzen. Man wird kein besserer Mensch durch einen Porsche oder einen Ferrari. Ich erwähne es, um all denen, die gerade vielleicht Ähnliches erleben wie ich damals, zu sagen: Wenn jemand dir prophezeit, statt Mercedes gebe es für dich später höchstens ein rostiges Damenrad, sagt das mehr über ihn als über dich aus. Genau darum sitze ich jetzt auch nicht da, schaue meinem Pferd beim Grasen zu und lasse mir die Sonne auf den Bauch scheinen, sondern schreibe dieses Buch. Ich mache das nicht, um mir demnächst auch noch eine Jacht kaufen zu können. Denn eins kann ich euch verraten: Reich wird man mit einem Sachbuch in der Regel nicht, es sei denn, ein Regisseur erkennt den Charme dieser Geschichte und es wird mit Elyas M´Barek und Emilia Schüle in den Hauptrollen als Kino-Blockbuster verfilmt.

Der Grund, aus dem ich hier sitze, ist vielleicht ungewöhnlich, aber für mich ganz klar: Weil ich finde, dass ich es allen Menschen da draußen, die gerade nicht richtig wissen, was sie mit sich anfangen sollen, schuldig bin. Ich will eine Geschichte erzählen, die Mut machen soll und vielleicht sogar einen Weg aus der Unsicherheit über die berufliche Zukunft aufzeigt. Eine Geschichte, die ich selbst gerne gehört hätte, als ich 16 Jahre alt war. Denn mit 16 ging ich nicht mehr zur Schule, war chronisch pleite und ziemlich orientierungslos. Blutjung, tausend Herausforderungen, keine Lösungen. Unsicherheit, Angst, Einsamkeit. So stand ich da und sollte mein Leben planen. Nicht die allerbesten Voraussetzungen, so viel ist klar. Aber unzählige andere sind in ähnlichen oder schwierigeren Situationen, also hilft es nicht, zu meckern oder sich über die Ungerechtigkeit des Schicksals aufzuregen, weil ich nicht in eine wohlhabende

Familie geboren wurde, wo jedes Kind schon bei der Geburt einen Treuhandfonds bekommt, durch den es theoretisch nie wirklich arbeiten müsste.

Auf dem Dorf fährt man mit dem Bus zur Schule. In diesem Bus saß ich jahrelang immer in der ersten Reihe, weit weg von den „coolen Kids". Die Kapuze meines Hoodies über dem Kopf, schaute ich aus dem Fenster, wo meine kleine Welt an mir vorbeizog, tagein, tagaus. Meine Augen fixierten die Straße vor mir. Ich hoffte, so wäre ich wenigstens unsichtbar für meine Mitschüler. Bald kannte ich jedes Schlagloch und jede Straßenlaterne, aber Freunde, die mich bedingungslos unterstützten, wie man es unter Freunden macht, saßen nicht in diesem Bus. Auch nicht in meiner Klasse oder auf dem Schulhof. Ich war isoliert in meiner Welt und war ratlos, wie ich mein Leben bestreiten sollte. Resignieren und einfach nichts für meine Zukunft zu tun, das stand bei mir nie zur Debatte. Was hatte ich zu verlieren? Aber damals, noch ohne Internet auf jedem Handy und 24/7-Google-Möglichkeit, da war es schwierig, seinen Weg zu finden, wenn man sich so verloren vorkam.

Wie einen Wink des Schicksals sah ich aus genau diesem Bus eines Tages ein neues Plakat. Wo vorher noch für irgendwelche Supermärkte in der Nähe geworben worden war, stand plötzlich gestochen scharf am Wegesrand: „Niemand ist talentfrei, finde dein Talent!" Und wenn ich ein Talent hatte, dann war es werkeln. Dinge bauen, reparieren, tüfteln.

Ich bin schon als Kind immer gleich nach der Schule zu meinem Vater und meinem Bruder in die Werkstatt geflüchtet. Raus aus der kalten Isolation meiner Schulbubble, rein in die Sicherheit und Wärme der Familie. Mit einem Werkzeug in der Hand fühlte ich mich schon immer wohler als mit einem Algebra-Buch. Ich weiß nicht, ob die

Liebe zum Handwerk genetisch in mir veranlagt ist. Vielleicht. Vielleicht war es aber auch die Anerkennung meines Bruders und Vaters, die mich immer wieder zum Handwerk hingezogen hat. Wenn ich in der Werkstatt war, konnte ich alles um mich herum vergessen. Mein Bruder und mein Vater brachten mir alles bei. Das war mein Bereich, in dem ich alles andere als talentfrei war.

Als ich dieses Plakat sah, wusste ich: Ich hatte mein Talent bereits gefunden. Ich war nur zu blind gewesen, es zu erkennen. Handwerk faszinierte mich. Selbst etwas zu erschaffen. Ich lernte alles in ziemlich kurzer Zeit: Wie schneidet man ein Brett zu? Wie mischt man Beton? Wie bohrt man ein Loch in Metall oder Stein? Ich entwickelte meine handwerklichen Fähigkeiten immer weiter. Liebevoll nannte mich meine Mutter deshalb schon als Kind „BAUMÄDCHEN“. Es war also keine große Überraschung, als ich beschloss, Handwerkerin zu werden.

In diesem Buch möchte ich euch alles über das Handwerk erzählen. Darüber, was daran so reizvoll ist, wie ich in einer Männerdomäne Fuß gefasst habe und wie sich proportional zu meinem Können auch mein Selbstbewusstsein gesteigert hat. Durch meine Leidenschaft zum Handwerk konnte ich völlig neue Fähigkeiten entwickeln: Mut, Selbstliebe, Vertrauen! Das veränderte mein Leben von Grund auf. Das schlaksige, zu große Mädchen, über deren rote Haare und Tausende Sommersprossen auf dem Schulhof gelacht wurde, ist eine erfolgreiche Handwerkerin, ein international gefragtes Model und Autorin geworden. In den sozialen Medien folgen mir inzwischen eine Dreiviertelmillion Menschen, die mir beim Schrauben und Hämmern zusehen. Viele davon haben über Jahre miterlebt und teilweise mitgefiebert, wie aus einem unsicheren Mädchen eine selbstbewusste Frau geworden ist. Ich nenne sie liebevoll meine Rabauken. Doch eigentlich sind sie viel mehr für mich. Sie sind meine Freunde, meine Wegbegleiter, meine Zuhörer und meine konstruktiven Kritiker. Alles das, was ich in der Schulzeit nie hatte. Und so, wie mein Instagram-Kanal aussieht, so liest sich auch dieses Buch: Es geht um mich und das Handwerk. Eine junge Frau, die mal eben ein Bad saniert, das ist leider noch lange keine Normalität. Und ich möchte euch von Anfang an mitnehmen, um zu zeigen, wie sich bei mir Handwerk und Privatleben die Klinke in die Hand geben. Mein Vater ist Handwerker, mein Bruder ist Handwerker. Gut, mein Mann kann keine drei Nägel gerade in die Wand hämmern, aber er hat viele andere Talente. Ihr werdet nach der Lektüre dieses Buches spüren: Handwerk ist mein Leben. Es ist nicht unwahrscheinlich, dass ich ohne meine Leidenschaft fürs Handwerk wirklich da gelandet wäre, wo die Hassprediger meiner Jugendzeit mich gesehen haben, einfach schon deshalb, weil mir irgendwann die Kraft gefehlt hätte.

Ich möchte euch mit diesem Buch Mut machen, euren Weg zu finden. Finde dein Talent, finde deine Leidenschaft und stürz dich mit vollem Einsatz, vollem Elan und voller Freude darauf. Nicht jeder von euch wird, nachdem er das Buch gelesen hat, unbedingt ins Handwerk gehen wollen. Aber eines verspreche ich: Jeder von euch weiß nach diesem Buch, dass man erfolgreich sein kann, wenn man sein Talent entdeckt und an sich glaubt. Denn selbst ich habe es geschafft, die unscheinbare, unbeliebte Einzelgängerin, die ohne das Asyl der Schultoilette mit noch viel mehr Häme und Beleidigungen hätte umgehen müssen. Und die jetzt DAS BAUMÄDCHEN ist.

Viel Spaß beim Lesen wünscht euch

Eure Sandra Hunke

WARUM HANDWERK EINE RICHTIG GUTE IDEE IST

Was wäre die Welt ohne Handwerk? Als vielfältigster Wirtschaftszweig des Landes spielt das Handwerk in allen Lebensbereichen eine wichtige Rolle. Egal ob Ernährung, Kleidung, Wohnen, Gesundheit, Reinigung, Technik oder Mobilität: Für all diese Bereiche gibt es Handwerksberufe, ohne die nichts davon funktionieren würde.

Das Handwerk ist so vielseitig wie die Welt um uns herum und hält das Land am Laufen. Handwerk baut, repariert, hilft, schützt, bewegt, modernisiert, erfindet und verbindet. Handwerk schmeckt, ist kreativ und macht schön. Zum Leben gehört Handwerk. Handwerk ist Leben.

Der Ursprung des Handwerks liegt jetzt bestimmt schon mehr als 5.000 Jahre zurück. Vor dieser Zeit gingen die Menschen auf der Erde ganz allgemeinen Tätigkeiten nach. Sie waren Sammler und Jäger, bewirtschafteten das Land und hüteten das Vieh. Alles, was sie für ihren Lebensunterhalt benötigten, stellten sie selbst her.

Und heute, wo wir uns längst spezialisiert haben, gibt es mehr als 130 Berufe, die zum Handwerk in Deutschland zählen. Handwerk wird man immer brauchen, und es wird auch in den nächsten Jahren nicht gänzlich von KI oder Robotern ersetzt werden. Vielleicht haben wir zukünftig diese Hilfsmittel, aber der Mensch als Handwerker wird weiterhin gebraucht werden.

Handwerk ist nach wie vor ein äußerst zukunftsfähiger Beruf. Und wenn man damit beginnt, sich den Beruf fürs Leben auszusuchen, sollte man diese langfristige Perspektive immer im Hinterkopf haben. Es ist sehr viel wahrscheinlicher, dass man in 20 Jahren noch Tischler, Dachdecker, Elektriker, Köche oder Anlagenmechaniker SHK braucht, als Kassiererinnen. Denn wenn du heute dein Bad sanieren möchtest, kommen Handwerker. Wenn du beim Drogeriemarkt deinen Lippenstift bezahlen möchtest, kannst du das auch jetzt schon an der personalunabhängigen Computerkasse tun.

Das Handwerk wird weltweit gebraucht. Wenn du ein Gewerk erlernt hast und gut darin bist, kannst du überall auf der Welt arbeiten. Der Ruf der deutschen Handwerker ist (im Gegensatz zu dem unserer Politiker) immer noch ausgesprochen gut. Länder wie etwa Kanada veranstalten sogar Messen in Deutschland, um fähigen Handwerk-Nachwuchs mit attraktiven Jobs und tollen Vergünstigungen in ihr Land zu locken.

Aber was faszinierte gerade mich als Frau so sehr daran, ein Gewerk zu lernen? Was war der Auslöser dafür, dass ich Anlagenmechanikerin SHK geworden bin?

Schon als Kind hat es mich begeistert, immer sofort zu sehen und mit meinen eigenen Händen zu spüren, wie etwas Tolles entsteht. Egal ob ein neues Bad, wenn ich meinem Vater beim Fliesenlegen über die Schulter geschaut habe, ein Baumhaus, eine Terrasse oder einen neuen Gartenzaun. Später kam aber auch das gute Gefühl der Unabhängigkeit hinzu. Ich kann mein Bild selbst an der Wand aufhängen, ich kann selbst die Reifen am Auto wechseln, ich kann mir selbst ein neues, wunderschönes Bad bauen.

Diese Faszination, mit seinen eigenen Händen etwas Schönes zu erschaffen, zu kreieren, ist für mich ein absolutes Glücksgefühl.

WARUM HANDWERK SICH RICHTIG LOHNT!

Wenn ich von der Faszination des Handwerks berichte, muss ich natürlich auch über Geld sprechen. Als Handwerkerin mit Reichweite in den sozialen Medien bin ich automatisch so etwas wie eine Galionsfigur für das Handwerk geworden. Und wenn man ein Gewerk gelernt hat, kann man mit dem Gehalt ordentlich leben. Wenn man seinen Gesellenbrief in der Hand hält, liegt das durchschnittliche Einstiegsgehalt bei etwa 2.500 Euro.

Mit diesem Argument wurde ich die letzten Jahre auch oft gefragt, warum wir überhaupt einen Fachkräftemangel im Handwerk haben. Vor allem, wo ich doch immer so vom Handwerk schwärmen würde. Handwerk ist doch schön, Handwerk macht Spaß, sagst du – aber Nachwuchs im Handwerk ist rar gesät. Wir verstehen das nicht.

Das waren übrigens immer Menschen, fast ausschließlich Männer, mit Krawatte und Anzug, die in einem beheizten Büro saßen und sich dabei an ihrem Cappuccino festhielten. Es waren Politiker, Agenturen oder Beamte, die mit mir fürs Handwerk werben wollten. Keiner von denen hatte je auch nur eine Minute in verdreckter Arbeitskleidung vor einer gerade explodierten Kloschüssel gestanden, den flehenden Blick des Kunden im Rücken, der unbedingt sein Bad wieder nutzen wollte.

Wenn ich dann sagte, dass das daran liegt, dass wir viel offener kommunizieren müssen, dass Handwerk nicht nur fantastisch ist, Spaß macht und sinnvolle Dinge schafft, sondern man damit auch gutes Geld verdienen kann, wurde immer abgewunken.

Geld sei doch nicht wichtig, Geld sei doch nicht der Motor, waren dann die Antworten. Aber natürlich interessiert es einen Menschen, was er am Ende als Handwerker verdienen kann, wenn er sich vielleicht für diesen Beruf entscheiden möchte. Wenn er später eine Familie hat, möchte er sie gut versorgen können. Er möchte nicht in die Verlegenheit geraten, seinen Kindern sagen zu müssen: „Essen, Trinken, ein Dach über den Kopf, das ist doch nicht so wichtig. Eure Mama oder euer Papa macht beruflich lieber das, was Spaß macht, und nicht das, womit man seine Miete bezahlen kann!" Spaß ist wichtig, Spaß muss dabei sein. Aber Spaß allein zahlt keine Rechnungen. Ihr seht also: Geld ist wichtig, und deshalb verstehe ich es gut, wenn junge Menschen vorm Berufseinstieg auch darüber nachdenken und sich erkundigen. Darüber findet man viel zu wenig.

Woher sollen junge Menschen wissen, dass man im Handwerk mit solider, fleißiger Arbeit am Ende richtig gutes Geld verdienen kann? Und die Verdienstmöglichkeiten steigen seit Jahren sogar an. Überproportional. Die Aussichten für das Handwerk sind rosig. Wenn etwas knapp ist, steigt der Preis. Egal ob Getreide, Milch, Gold oder Handwerker.

Oft werde ich zu großen Events, Tagungen oder Messen als Speakerin eingeladen. Dort betone ich immer, dass das Handwerk schon immer goldenen Boden hatte, im Moment aber auch noch der gesamte Keller vergoldet sei. Es herrscht Goldgräberstimmung. Wenn man sich, nachdem man etwas Berufserfahrung gesammelt hat und alle Tricks kennt, selbstständig macht, kann man extrem gutes Geld verdienen.

Selbst als normale Gesellin verdiene ich inzwischen gutes Geld. Die Unternehmer sind zu 100 Prozent daran interessiert, gute Mitarbeiter zu halten. Es gibt wenige, also zahlen sie auch ein anständiges Gehalt dafür. Mit 38 Stunden in der Woche, nicht allzu viel Verantwortung und mit Spaß an seinem Gewerk kann man auch ohne den Drang, sich selbstständig zu machen, durchaus ordentlich leben.

Wenn man allerdings größere Pläne im Leben hat und bereit ist, mehr Verantwortung zu tragen, wird man natürlich final auch mehr Geld verdienen. Für diesen Karriereweg sind die Chancen im Handwerk heutzutage überragend. Man kann den Meister machen und bekommt danach selbstverständlich ein höheres Gehalt. Oder man macht sich eben selbstständig. Wie bei allen Berufen auf dieser Welt, gilt auch im Handwerk: Ohne Fleiß kein Preis.

Das Besondere am Handwerk ist aber, dass es in diesem Berufsfeld möglich ist, unfassbar viel Geld zu verdienen. Es gibt nach oben keine Grenze. Die einzige Grenze bist nur du selbst und deine Bereitschaft, alles zu geben.

Wenn du zum Beispiel auf Lehramt studierst und nach erfolgreichem Studium Lehrer wirst, kannst du ein paar Mal in der Besoldung steigen, aber spätestens als Schuldirektor ist dann irgendwann Schluss. Multimillionär wirst du damit nicht. Keine Chance, selbst wenn du Tag und Nacht arbeitest. Im Handwerk ist das aber möglich. Jederzeit. Für jeden. Auch ich bin noch keine Multimillionärin, aber ich halte es für sehr beruhigend, dass es möglich ist und dass es irgendwann so weit sein wird, wenn ich meinen Weg so konsequent, engagiert und konzentriert weitergehe.

Was dafür aber unverzichtbar ist, ist die Fähigkeit, auch die Nebengeräusche moderieren zu können. Das, was nichts mit Handwerk zu tun hat, aber elementar für einen Selbstständigen ist: Marketing und Buchführung. Das musst du beherrschen. Denn egal, wie gut du bist: Kunden bekommst du nicht geschenkt. Und wenn du dann viele Kunden hast, die pünktlich ihre Rechnungen bezahlen, kommt das Finanzamt. Und mit dem kann man nicht verhandeln. Die wollen Geld sehen und eine korrekte Buchführung. Das muss man vorweisen können, dann wird man immer gut und mit einer Stange Geld auf dem Konto schlafen können.

Mein Ziel als Jugendliche war es, das Gewerk Anlagenmechanikerin SHK zu erlernen, später meinen Meister zu machen und mich dann mit meinem Vater, dem Fliesenleger, gemeinsam selbstständig zu machen und Luxusbäder zu bauen. Unverhofft kommt aber oft, und so wurde ich parallel zu meiner Ausbildung erst als Model entdeckt und später dann auch Creatorin und Autorin. Deshalb arbeite ich zwar weiterhin als Anlagenmechanikerin SHK, schaffe es aber nicht auch noch, den Meister zu absolvieren und eine Firma mit meinem Vater zu gründen. Doch als Model, Creatorin und Autorin bin ich selbstständig und durfte die letzten Jahre sehr viel lernen. Marketing und Buchführung sind einfach zwei Faktoren, die unverzichtbar sind für eine erfolgreiche Selbstständigkeit.

Als Angestellter denkt man oft, ich bekomme hier heute 150 Euro auf der Baustelle, und mein Chef kassiert für mich 700 Euro ab, da werde ich doch lieber Chef. Hierbei darf man nicht vergessen, dass der Chef dafür eine Ausstellung und ein Lager gebaut hat, einen Bulli mit Werkzeug zur Verfügung stellen muss, das Angebot einholen muss, die Rechnung schreiben muss, die Buchführung erledigen muss, Krankenkasse und Rentenverträge zahlt, Versicherungen abschließt, Steuern zahlt und definitiv mehr Stunden die Woche selbst arbeitet. Und vor allem: Er muss den Kunden haben. Man kann nicht einfach irgendwo klingeln und sagen: „Hallöchen, ich baue mal eben eine neue Wanne bei Ihnen ein, das macht dann 800 Euro plus Materialkosten und Anfahrt!"

Man muss schon beauftragt werden. Dafür muss man Marketing beherrschen und Menschen davon überzeugen können, dass das eigene Produkt das beste ist.

Wenn man sich selbstständig machen möchte, muss man sich sehr viel Wissen aneignen und bereit sein, gerade am Anfang der Selbstständigkeit auch auf vieles zu verzichten. Wochenende und Urlaub sind dann vielleicht für eine Weile nur theoretische Freizeitanker. Aber dafür hat man die Chance auf das ganz große Geld.

Und ich spreche nicht von viel Geld. Ich spreche von enorm viel Geld. Ich kenne Villen von Chefs, die rund um ihr Handwerk eine Firma aufgebaut haben, gegen die wirken die Villen von vielen deutschen Promis, die immer gerne ganz stolz TV-Teams in ihren Wohnhäusern filmen lassen, wie Hundehütten. Vom Tellerwäscher zum Millionär, diesen Traum kann man im Handwerk auch heute noch realisieren.

Diese Menschen durfte ich aufgrund meiner Tätigkeiten als Handwerkerin und Creatorin kennenlernen. Vorneweg mein heutiger Chef. Er ist ein klassischer Selfmade-Millionär. Er ist als junger Mann in einen Installationsbetrieb eingestiegen. Sein Angebot: ein komplettes Bad aus einer Hand. Während es bis heute ja oft noch so ist, dass man für eine komplette Bad-Sanierung oder einen Bad-Neubau verschiedenste Gewerke besorgen muss, bietet er alles im Paket an: den Fliesenleger, den Anlagenmechaniker, den Elektriker, den Badmöbelbauer. Diesen ganzen Wust an Recherche, Briefing, Meetings und Verknüpfung der unterschiedlichsten Ansprechpartner, das hat mein Chef dem Kunden somit abgenommen und ihm das komplette Bad aus einer Hand angeboten. Unsere Firma erledigt alles und das bis heute erfolgreich, so erfolgreich, dass mein Chef in den letzten Jahrzehnten Dutzende Immobilien kaufen konnte. Er ist nicht mehr nur Firmengründer und Geschäftsführer seiner Ursprungsfirma. Er renoviert und vermietet inzwischen so viele eigene Wohnungen und Häuser, dass er eigentlich schon längst Immobilienmogul ist.

Ich habe aber auch mal ein paar Tage auf Mallorca gearbeitet und dort einen deutschen Installateur kennengelernt. Er hat sich mit seiner Frau dort selbstständig gemacht, wo andere Urlaub machen. Gemeinsam haben sie einen Reparaturdienst und eine Reinigungsfirma gegründet. Die Besitzer von Luxusvillen auf Mallorca beschäftigen ihn gerne, und aus dem Zwei-Personen-Betrieb ist inzwischen ein kleines Imperium mit 50 Angestellten geworden. Sie sind dafür verantwortlich, dass im Sommer der Pool sauber ist und im Winter die Heizung funktioniert. Dank diesem Geschäftsmodell hat der Installateur sich mittlerweile seine eigene Luxusvilla gönnen können.

Ich habe ihn gefragt, was die größte Herausforderung im Ausland war. Für ihn war alles sehr einfach, findet er heute. Deutsche Handwerker würden sehr geschätzt auf der Lieblingsinsel der Deutschen. Das Einzige, was schwer war: zu verstehen, dass man zum Arbeiten auf Mallorca ist und nicht zum Urlaub-Machen. Die Sonne, die Strände, das Flair – man neige sehr schnell dazu, sich wie in einem Traumurlaub zu fühlen, wenn man auf Mallorca leben darf.

Dann habe ich auch noch einen Tischler kennengelernt, der sich darauf spezialisiert hat, besonders schöne, handgefertigte Tische zu bauen und zu verkaufen. Auch hierbei ist natürlich das Marketing ganz entscheidend. Du kannst mit deinen handwerklichen Fähigkeiten den schönsten Tisch der Welt bauen – wenn den nie einer sieht und keiner davon weiß, kauft ihn auch keiner. Dann bist du der Mann oder die Frau mit den schönsten Tischen, aber auch mit den leersten Taschen der Welt. Er hat seine Tische und Arbeitsschritte in den sozialen Netzwerken gezeigt und damit einen Nerv getroffen. Mittlerweile kommen Superreiche aus ganz Deutschland, um sich von ihm ihren Tisch anfertigen zu lassen.

Ein guter Freund von mir ist Dachdecker. Als Jugendlicher war er nicht auf der Gewinnerstraße. Er schaffte die Hauptschule und begann dann die Lehre als Dachdecker. Er war mit Abstand der beste Lehrling, er liebte es, Dächer zu decken, er liebte es aber auch, zu feiern. Er war nebenbei DJ und trank hinter dem DJ-Pult mehr, als man als seriöser DJ trinken sollte. Gerne mal so zwei Flaschen Whisky am Abend. Fiel dann einfach mal mitten während der Party sturzbetrunken hinter dem Pult um. Feierte oft bis montagmorgens um fünf und ging dann direkt zur Arbeit.

Dieses Leben hält man nicht lange durch. Entweder man fängt sich, oder es endet übel. Mit Mitte 20 hat mein guter Freund dann die Reißleine gezogen. Er hat sich erinnert: Da war doch noch was? Ach ja: Ich wollte erfolgreich werden. Er hat sich dann auf den Hosenboden gesetzt, seine Chance im Handwerk gesehen und ergriffen, seinen Meister gemacht und dann seinem Chef, der sich langsam auf den Ruhestand vorbereiten wollte, nach und nach den Betrieb abgekauft. Heute hat er 50 Angestellte und betreibt das angesagteste Dachdeckerunternehmen der Region. Auch er hat ein sehr schönes Haus für sich, seine Frau und deren zwei Kinder gebaut und baut jetzt nebenher noch fleißig weitere Mehrfamilienhäuser.

Diese Geschichten sind im Handwerk keine Einzelfälle, das will ich mit meinen Beispielen zeigen. Es gibt diese spannenden Karrieren immer wieder. Häufig lassen sich die Leute einfach tolle, einmalige Geschäftsmodelle einfallen und fahren damit enormen Erfolg ein.

Gerade uns Frauen sagt man übrigens gerne nach, wir wären multitaskingfähig. Wir bringen also perfekte Voraussetzungen für eine Selbstständigkeit als Handwerkerin mit.

Ich hätte noch viele weitere faszinierende Erfolgsgeschichten von Menschen wie du und ich auf Lager, die sich mit dem Handwerk ihren Traum verwirklicht haben. Aber würde ich die alle aufschreiben, dann hätte dieses Buch 2.500 Seiten ...

Was aber alle gemeinsam haben: Diese Menschen haben ihre Leidenschaft zum Beruf gemacht und allen Fleiß und alle Kraft in ihr Vorhaben gesteckt.

Und auch ich bringe diesen Fleiß bis heute auf. Ich lasse nicht nach, egal wie erfolgreich ich bin. Das war schon immer meine Art, und so wird es bleiben. Auch wenn ich nicht, wie geplant, schnell meinen Meister gemacht habe und Luxus-Bäder mit meinem Vater baue, bin ich durch einige Zufälle, die es in meinem Leben gab, ein Sprachrohr für das Handwerk geworden, Model, Autorin und Creatorin. Ich arbeite immer noch als angestellte Anlagenmechanikerin, bin aber auch selbstständig und arbeite sieben Tage die Woche an meinem Erfolg. Nicht unbedingt der Kohle wegen, sondern vor allem aus Leidenschaft.

Was ich tue, erfüllt mich mit Glück. Das war so, als ich mit meinem Lehrlingsgehalt gerade so über die Runden gekommen bin – und das war immer noch so, als ich meinen ersten eigenen Mercedes abgeholt habe. Am Tag nach meiner Hochzeit bin ich nicht zu einer Hochzeitsreise aufgebrochen, sondern zum nächsten Modeljob. Ich baue derzeit ein Mehrfamilienhaus: DIE BAUMÄDCHENVILLA. Das passiert in meiner Freizeit.

Ach ja, und ich schreibe gerade diese Zeilen hier. Heute, am Heiligabend. Es ist 23:30 Uhr, unsere Tochter schläft, mein Mann räumt noch etwas auf, und ich habe mich ans MacBook gesetzt. Ich bin eben, wie ich bin. Jetzt die Füße hochlegen, „It´s the most wonderful time of the year" hören und ein wenig in Weihnachtsstimmung wegdösen, das ist nicht mein Fokus. Ich will immer etwas Produktives schaffen. Ich will weiterkommen. Meine Ideen umsetzen. Menschen erreichen. Neue Träume und Ziele identifizieren. So viel Einsatz kann man nur bringen, wenn man es wirklich gerne macht. Mir ist es eine Riesenfreude, dass ich ein Buch übers Handwerk schreiben darf. Dass ich meine Geschichte erzählen und euch nahelegen darf, an euren Träumen festzuhalten und bereit dafür zu sein, immer abzuliefern.

IN SCHLANGEN IST DIE WELT NOCH IN ORDNUNG

WIE ALLES ANFING

03. Juli 1992. Eine laue Sommernacht. Angenehme Wärme und friedlich vor sich hin plätscherndes, wohliges Wasser bilden dieses fast romantische Hitzeflimmern überall. Fast kann man von der Ferne ein paar gut gebaute Beach-Boys und hübsche Surfer-Girls in ihren Bikinis um ein Lagerfeuer sitzen und „Sweet Home Alabama“ auf der Gitarre spielen hören.

Statt lieblichem Gesang der Strand-Taylor-Swifts gibt es für mich aber nur ohrenbetäubendes Geschrei, Panik und eine Sturzflut. Das ganze schöne Wasser um mich herum presst sich in Sekundenschnelle durch den Abfluss unter mir - und ich einfach automatisch hinterher. Vor Angst reiße ich meine Augen auf. Kein Meer weit und breit. Keine Stimmungsmusik. Und diese Frauen in grünen und blauen Kitteln sehen auch nicht aus wie Taylor Swift. Dazu gibt es fies grelles Neonlicht statt Lagerfeuer und Ärzte statt Beach-Boys. Irgendwie enttäuschend. Der Mietvertrag meiner Einraumwohnung im Bauch meiner Mutter scheint ausgelaufen zu sein. Genau wie ich. Und als ob das nicht schon verwirrend genug ist, bin ich auch noch vollkommen nackt. Ich bekomme einen Klaps auf den Po und dann wickeln sie mich wenigstens schon mal provisorisch in ein paar Handtücher ein. Gut, das mit dem Klaps auf den Po begleitet mich bis heute. Das hat wohl jede Frau schon mal erlebt. Heute bin ich dabei aber zumeist nicht nackt und kann sprechen. Das geht dann nicht so gut aus. Jedenfalls für den, der dachte: Ach komm, der Kleinen kann man doch ruhig mal auf ihren süßen Po klatschen. Die freut sich bestimmt!

Nachdem ich so grob der fast schon kitschigen Idylle entrissen wurde, kommen ein paar medizinische Tests, und dann werde ich schon weitergereicht. In die Arme meiner Zukunft. Ich rieche es sofort: einen Geruch, der mich den Rest meines Lebens begleiten, prägen und (ja, das kann man wohl so sagen) auf gewisse Weise auch retten wird. Der Geruch von Baustelle. Eine bodenständige Symbiose aus nassem Beton, Abrieb von Fliesen, Trennscheiben und Händen, die sich für keine Arbeit zu fein sind. Noch bevor ich richtig gucken und hören kann, rieche ich es. Mein Leben.

Es mag Babys geben, die in ein Geruchsparadies aus Chanel-Parfums und feinsten Seidenlaken geboren werden. Bei mir sind es eher feuchter Estrich und Fugenkleber. Das Bouquet ehrlicher Arbeit.

Das alles löst sofort ein diffuses Wohlbefinden in mir aus. Ich bin angekommen. In vielerlei Hinsicht. In einem grell beleuchteten, unpersönlich eingerichteten und zweckmäßig verkachelten Raum irgendwo in einem Krankenhaus - und trotzdem zu Hause. In den Armen dieses Mannes, der zwischen all den umherschwirrenden Ärzten und Krankenschwestern einfach mitten im Raum steht, in seinen Arbeitsschuhen und seiner Arbeitshose, und mich an sich drückt: „Ich bin dein Papa!“

Das ist der erste Satz, den ich in meinem Leben höre. Ich liege in den Armen meines Vaters und zappele aufgeregt und vor Freude mit meinen Beinen hin und her.

„Haha, die hat ja so lange Beine, die können Sie schon mal gleich als Model anmelden“, scherzt der Arzt.

Ja, ja, und dich als Comedian, will ich ihm antworten. Aber ich kann ja noch nicht sprechen.

Das also war der Start in ein neues Leben. Mein Leben. So oder so ähnlich stelle ich es mir vor, wie ich an diesem Sommertag reingeboren werde in eine Handwerkerfamilie.

Wenn ich heute so darüber nachdenke, scheint es mir so klar, wie man es nur sehen kann. Eindeutig: Schon in den ersten Sekunden meines Lebens wurde mir unterbewusst ein Weg vorgezeichnet: Handwerkerin und Model.

Mein Vater hat, wie sollte es anders sein bei einem gelernten Fliesenleger, meine Nabelschnur gekonnt schwungvoll durchtrennt. Für ihn sicher ein bedeutender Moment, den er nie vergessen wird. Über diesen Moment herrscht übrigens bis heute Uneinigkeit in meiner Familie: Ich behaupte standhaft, ich könne mich detailgetreu daran erinnern, dass mein Vater diesen Cut mit einem Tapeziermesser aus seiner Arbeitshose gesetzt hat. Aus unerklärlichen Gründen bleiben meine Eltern nach wie vor bei der Version, es sei eine sterile Schere aus dem Krankenhaus gewesen, die der Arzt ihm überreicht hätte. Ja, ja. Fake News sind ein großes Problem in unserer Gesellschaft, was soll ich sagen.

Noch schlimmer ist es eigentlich nur, wenn man ein Baby ist, gerade von der Zentralversorgung abgekoppelt wurde und Hunger hat. Ich plärre also erst mal laut los, bis mein Vater mich in die behutsamen Hände meiner Mutter übergibt und ich mich an ihrer Brust satt trinken kann. So liebevoll, wie sie mir über den Kopf streichelt, fühle ich mich sofort geborgen und sicher. Auch ihre Hände sind etwas rau.

Auch sie hat ihr ganzes Leben gearbeitet. Man hat ihr nichts geschenkt. Sie hat nie Zeit dafür gehabt, sich täglich stundenlang um Maniküre zu kümmern. Wie sich Arbeiterhände anfühlen, das weiß ich heute nur zu genau. Sie sind immer etwas rau. Egal, wie oft man sie wäscht und wie viel Handcreme man verwendet. Ich arbeite jetzt selbst bereits mehr als ein Jahrzehnt im Handwerk. Es steckt ja schon im Namen. Man werkt mit seinen Händen. Autoreifen von Formel-1-Boliden sehen nach einem Rennen auch nicht mehr so aus wie die Hochglanz-Bereifung eines Rolls-Royce.

Jetzt geht es für mich aber zunächst noch nicht darum, Bäder zu renovieren, Mauern wegzustemmen oder Pools auszuheben. Ich muss ja erst mal satt werden. Und rausfinden, was man als Baby noch so zu machen hat. Schnell stelle ich fest: Das ist ziemlich easy. Noch zwei, drei feste Schlucke und schon überkommt mich eine heftige Müdigkeit. Eine gute Gelegenheit für meine Eltern, mich einzupacken und mit nach Hause zu nehmen. Draußen ist es sehr ländlich. Es riecht auch nicht mehr nach Baustelle, sondern eher nach Bauernhof.

Meine Mama und mein Papa bringen mich in ein kleines Dorf namens Oesterholz. Es hat damals 800 Einwohner und gehört zur Gemeinde Schlangen. Kaum jemand, den ich in den kommenden Jahren auf Fashion Weeks oder Modeljobs treffen werde, hat je davon gehört. Ein wirklich winziges Dorf im tiefsten Ostwestfalen. Ostwestfalen bedeutet für die meisten Außenstehenden: irgendwas Trostloses zwischen Sauerland und Ruhrpott. Da, wo es mehr Kühe gibt als Einwohner. Da, wo sich Fuchs und Hase Gute Nacht sagen. Das kann man langweilig finden oder provinziell. Ich habe es immer geliebt und bin dortgeblieben, auch wenn ich für meine Modeljobs vielleicht besser nach London, Berlin oder Paris ziehen sollte. Ich mag die Ruhe, das Familiäre. Sollen sich Fuchs und Hase doch Gute Nacht sagen.

Als die ersten kleinen, hübschen, ganz normalen Einfamilienhäuser am Horizont auftauchen, sind wir auch schon langsam dort, wo ich aufwachsen werde. Es ist ein sorgsam und akkurat errichtetes, klassisches Haus, dessen gelb funkelnder Keramikklinker die ganze Fassade wie eine riesige goldene Discokugel aussehen lässt. Dieser blendende Klinker wird heute, weitere 30 Jahre später, als bautechnische Todsünde verlacht – aber damals war das der letzte Schrei. Moderner ging es nicht. In der Fashionbranche ist ein Rock manchmal schon wieder out, der vor einem halben Jahr noch auf der Pariser Modewoche gefeiert und in der „Vogue" präsentiert wurde. Da ist es wohl nicht verwunderlich, dass ein 40 Jahre altes Haus nicht allen heutigen Optimal-Vorstellungen und Trends entspricht.

Das ist aber ohnehin egal, denn besonders für ein Kind gilt: Es zählt nicht, wie groß oder schön dein Haus ist, sondern wer mit dir darin wohnt. Und da hätte ich es mir nicht schöner wünschen können. Ich war damals die Krönung einer ganz klassischen Liebesgeschichte. Meine Eltern hatten mit Anfang 20 geheiratet. Das macht heute fast niemand mehr, aber damals war das normal. Meine Mutter war Schneiderin und arbeitete in einer Fabrik. Mein Vater war bei einer örtlichen Firma als Fliesenleger angestellt. Fleißige, bescheidene Arbeiter, die sich den Traum ihres Lebens früh erfüllen konnten: das eigene Haus. Dafür haben sie auf viel Freizeit, viele Urlaube, viele Hobbys und viele Annehmlichkeiten verzichtet und zusammen, nach Feierabend und an den Wochenenden, dieses wunderschöne Doppelhaus gebaut. Es war zu groß für zwei Personen, denn meine Eltern wussten immer, dass sie Kinder bekommen wollten. Wenn man so will, haben sie Teile ihrer besten Jahre dafür geopfert, ein schönes, sicheres Heim zu schaffen für Menschen, die es noch gar nicht gab. Für Kinder, die sie erst noch bekommen würden. Für meinen Bruder und mich.

Daran sieht man: Man muss nicht in eine Millionärsfamilie geboren werden, um ein glückliches Kind zu werden. Man braucht ein Umfeld, in dem man Liebe und Geborgenheit erfährt. Dinge, die man mit Geld nicht kaufen kann. Und gibt es einen größeren Liebesbeweis, als ein Haus zu bauen, das man mit Liebe ausfüllen möchte?

Damals war die linke Hälfte an meine Tante vermietet, und in der rechten Hälfte durfte ich ab diesem Sommertag Mitte der Neunzigerjahre meine Kindheit verbringen.

Als ich ankomme, wartet an der Haustür auch schon meine Tante. Sie hat auf meinen Bruder aufgepasst, damit auch mein Vater im Krankenhaus dabei sein konnte, wenn meine Mutter mich auf die Welt bringt. So rollt also ein kleiner Dötz auf uns zu, zielsicher einen Holztraktor durch den Flur steuernd. Mein Bruder Manuel. Drei Jahre alt ist er da. Auch er ist dem Handwerk verfallen und sein Traktor wie eine Vorahnung; er ist heute landwirtschaftlicher Lohnunternehmer.

UNBESCHWERTE ZEITEN

Mein Bruder und ich, wir verbringen gemeinsam unsere Kindheit in genau diesem Haus. Diese ersten fünf Lebensjahre sind bis heute meine unbeschwertesten Jahre. Meine Mutter ist in dieser Zeit „nur" klassische Hausfrau. Auch das ist damals normal. Man bekam als Frau nur nicht so häufig den Respekt für die Care-Arbeit, die heutzutage langsam Anerkennung findet. Meine Mutter passt also auf zwei wilde Rabauken auf und hält meinem Vater den Rücken frei. Der hat sich inzwischen selbstständig gemacht und ist unter der Woche als Fliesenleger von morgens früh bis abends spät auf der Baustelle. Die Kelle pünktlich um halb vier aus der Hand legen, das gibt es nicht, wenn man auf eigene Rechnung arbeitet und zwei Kinder zu Hause hat. Trotzdem ist mein Zuhause auch sein Zuhause. Er ist kein Vater, der nur zum Schlafen und Essen da ist. Wenn er abends nach Hause kommt, zieht stets dieser Geruch durch unser Treppenhaus. Eine ganz typische Mischung aus Baustelle und Pfeifentabak. Mein Bruder läuft ihm dann meistens entgegen, ich krabble mutig hinterher. Mein Vater ist ein starker Mann. Jeden Abend packt er uns und schwingt uns links und rechts auf seine beiden Arme. Dann erzählt er uns von seinem Arbeitstag, und wir lauschen gespannt. Manchmal liest er uns auch eine Geschichte vor oder baut mit Kissen und Decken aus unserer Sofaecke eine Höhle für uns. Später, wenn der Tag sich dem Ende neigt, liegen mein Bruder und ich mit unserer Mutter oft auf der Coach, während unser Papa im Sessel sitzt und gemütlich an seiner Pfeife zieht.

Wir sind nicht reich in diesen Jahren. Jedenfalls nicht im finanziellen Sinne. Meine Eltern haben kein riesiges Vermögen auf der Bank oder zahlreiche Immobilien geerbt. Irgendwann merke ich natürlich, dass ich manche Dinge nicht habe, die für andere normal sind. Eigentlich macht mir das nichts aus, aber Kinder können mitunter sehr gemein sein. Wir sind jedenfalls sehr glücklich und hatten alles, was wir brauchten.

Hinter unserem Haus baut mein Vater eine Werkstatt. Die wird unser Rückzugsort. Dort verbringen wir alle viel Zeit: Mein Bruder und ich schauen unserem Vater jahrelang staunend beim Werkeln zu. Wir helfen, wo wir können, fühlen uns erwachsen und eigenständig und sind das, was man jedem Kind wünscht: superglücklich.

Der Garten ist unser Hotspot. Mein Vater spannt ein riesiges, altes Drahtseil zwischen zwei große Bäume und kreiert uns unsere eigene Seilbahn. Jeder Tag ist ein kleines

Abenteuer. Unzählige Male rutschen mein Bruder und ich auf einer ausrangierten Felge das Drahtseil entlang auf den Baum zu, in den wir gemeinsam ein Baumhaus gebaut haben. Es ist unser eigener Freizeitpark.

Während andere Kinder in den Ferien die Skipisten Europas runterfegten und in feinen Hotelrestaurants speisten, flog ich auf meiner Alufelge von Baum zu Baum und aß in meinem Baumhaus die Brote, die meine Mutter mir geschmiert hatte. Immer dieselben, weil ich sie so am liebsten mochte, schon immer: mit viel Butter und Fleischwurst. Genau so esse ich sie heute noch oft auf der Baustelle. Ein doppelter Genuss, denn man schmeckt die schönen Erinnerungen mit. Oft knirscht es dann so schön zwischen den Zähnen. Früher waren das der Sand und der Dreck aus unserem Garten. Heute ist es der Baustaub. Diese Knirschkur ist wahrscheinlich sogar ein Grund für meine weißen Zähne. Fleischwurst-Peeling für das strahlende Gebiss.

Ich denke heute noch oft mit viel Freude und auch Dankbarkeit an meine frühste Kindheit zurück. Auch an meine Nachbarin Sarah. Sie wohnte direkt gegenüber, war nur einen Monat jünger als ich und hatte blonde Haare. So waren wir immer schon von Weitem zu erkennen: Sarah goldblond, ich feuerrot. Bei Sarah war alles etwas anders als bei uns. Ihre Mutter war alleinerziehend und arbeitete sehr viel, um ihrer Tochter ein schönes Leben bieten zu können. Auch darum war Sarah oft bei uns zu Hause. Fast wie eine Schwester. Das zwischen Sarah und mir ist eine Freundschaft, die bis heute hält.

In den Sommerferien verbrachte meine ganze Familie so viel Zeit wie möglich am Meer. Ich habe zahllose Sommer über am Strand Sandburgen gebaut und Eis am Stiel gegessen. Wir hatten kein schmuckes Ferienhaus mit Reetdach auf Sylt, keine fancy Ferienwohnung auf Teneriffa oder Hotelsuiten in Miami Beach. Wir hatten einen renovierungsbedürftigen Wohnwagen auf einem Campingplatz in Grömitz. Aber hey, Meer ist Meer, oder? Schmeckt das Salz im Mittelmeer etwa besser als das in der Ostsee, wenn dein Bruder dich untertaucht?

Aber nicht mal in den Sommerferien konnten wir unsere größte gemeinsame Leidenschaft hinter uns lassen. So, wie wir zu Hause unseren Garten immer weiter verschönerten, renovierten wir in den Sommerferien den Campingwagen. Aus der Bruchbude auf zwei Rädern wurde nach und nach ein echtes Schmuckstück. Irgendwann hatte er sogar eine Terrasse und ein Vordach.

In meiner Erinnerung sind auch die Abende idyllisch. Wir saßen mit Stockbrot am Lagerfeuer. Damals wusste ich nicht viel über Dreisternerestaurants und Gourmet-Menüs, aber ich hätte meinen Platz am Lagerfeuer und meinen mit Teig umwickelten Ast gegen nichts auf der Welt eintauschen wollen. Meine Mutter guckte verträumt in den Sternenhimmel, mein Vater trug noch immer seine Arbeitshose, denn er hatte natürlich den ganzen Tag am Wohnwagen rumgewerkelt, und mein Bruder kokelte übermütig sein Brot an. Es war das Paradies.

WER WILL FLEISSIGE HANDWERKER SEHEN?

Da ich mit diesem Buch nicht nur meine eigene Geschichte erzählen, sondern auch ein paar Betrachtungen und Ratschläge teilen möchte, kommt hier ein erster Tipp:

Beobachtet eure Kinder gut. Entwickelt ein Gespür dafür, was sie mögen, was sie können, was ihnen Spaß macht, wo sie talentiert sind, wo sie Interesse und sogar Euphorie zeigen. Das sind die Dinge, zu denen man sie nie zwingen muss. Als Kleinkind nicht und auch nicht als Jugendliche. Und dann fördert sie genau darin. Einfach gesagt: Das, was eure Kinder von allein erforschen, wird vielleicht mal ihr Beruf.

Wir alle werden von Geburt an geprägt, und der Rest unseres Lebens ist eine Reise, für die wir in jungen Jahren die Karten in die Hand gedrückt bekommen. Wir müssen nur die Augen offen halten und diese Karten richtig ausspielen. Und wenn man das Glück hat, von Familie und Freunden dabei unterstützt zu werden, hilft das selbstverständlich sehr.

DIE WIEGE DES ERFOLGS

Die Momente, an die ich mich erinnere, an denen mein Vater keine Arbeitshose trug, kann ich an einer Hand abzählen. Eigentlich trug mein Vater immer Arbeitshosen. Als ich ein Baby war, als ich zur Schule ging, als ich meine Ausbildung begann, als ich das erste Mal auf einer Fashion Week gelaufen bin. Als ich mein erstes eigenes Grundstück gekauft habe. Und er trägt sie noch bis heute. Die einzigen Ausnahmen waren meine Erstkommunion und ein paar Tage im Jahr rund um Weihnachten. Für die Modebranche ist mein Vater kein Umsatzgarant. Aber für mich ist er das beste berufliche Vorbild, das ich mir vorstellen kann. Und übrigens: Mit Weihnachten meine ich natürlich nur den ersten und zweiten Weihnachtstag, nicht Heiligabend. Da wurde bei uns traditionell nicht der Baum geschmückt, Kekse gebacken oder Geschenke eingepackt. Nein, da wurde bis 16:00 Uhr gearbeitet. Wasserrohrbrüche kennen keine Weihnachtsferien.

Und so kam es, dass ich die ersten Jahre meiner Kindheit im unschlagbaren Trio mit Sarah und Manuel zwischen Arbeitshosen, Werkstatt und Wohnwagen verbrachte. Das ist auch der Vorteil, wenn man auf dem Dorf lebt. Der Kindergarten war nur einen Steinwurf entfernt und die Grundschule gleich gegenüber. Der Entfernung von unserer Haustür zum Gartentor der Grundschule war kürzer als so mancher Laufsteg, den ich später entlangstolziert bin. Und plötzlich gingen Sarah und ich genau in diese Grundschule, an der wir jahrelang täglich vorbeigelaufen waren. Sarah hatte andere Talente als ich. Zum Beispiel fiel ihr das Lernen von Anfang an leicht. Ich dagegen tat mich immer schwer. Das Konzept Schule war insgesamt nicht so ganz optimal für mich zugeschnitten. Still sitzen, Bücher wälzen, nur sprechen, wenn man aufgerufen wird, Dinge auswendig lernen, die man später nie wieder gebrauchen kann, das war damals einfach nicht mein Ding.

Dazu kam dann noch das große Mysterium einer Schulhof-Dynamik, die Cliquenbildung. Die große Frage, die alle Schulkinder umtreibt. Nicht, wie man sich in Mathe verbessern kann oder ob der süße Typ aus der Parallelklasse wohl eine Freundin hatte. Nein, es geht primär darum, den Circle of Life einer Schulgemeinschaft zu durchschauen – und sich möglichst weit oben in der Nahrungskette einzureihen. Elementar war: Wer hängt mit wem ab? Wer hat den schönsten Schulranzen? Wer fliegt wohin in den Urlaub? Wer hat das teuerste Weihnachtsgeschenk bekommen? Wer hat die neusten Sneaker? In diesen Listen hatte ich nie eine Chance, auch nur in die Nähe der Topplätze zu kommen. Ich hatte nicht viele Freunde, nicht viel Budget für Kleidung, und es gab keine Rolex zu Weihnachten.

Aber das war nicht schlimm, denn ich hatte ja Sarah und meine Werkstatt hinter dem Haus.

Mein Lebensweg hat genau dort angefangen. Schon als ich ein ganz kleines Mädchen war. Da habe ich sozusagen gespielt auf unseren Baustellen, habe begierig aufgesogen, was die erwachsenen Profis alles konnten und wie sie es gemacht haben – und habe es dann einfach auch gemacht. Das war damals meine kleine Kinder-Welt und es ist heute meine Berufswelt.

Man sagt ja immer so schlau, man soll sein Hobby zum Beruf machen – und bei mir war es im Prinzip tatsächlich so. Ich habe damals nicht darüber nachgedacht, ob ich mal Handwerkerin werden möchte. Ich habe einfach gemacht, worauf ich Lust hatte, was mir Freude bereitet hat und wo ich Erfolge feiern konnte. Und meine Familie hat mich dabei unterstützt. Heute bin ich Handwerkerin.

Ich habe am Ende das zu meinem Beruf gemacht, was mir immer schon Freude bereitet hat, worin ich gut war und was mich fasziniert hat.

Und ich bin kein Einzelfall. Mein Bruder hat einen ganz ähnlichen Weg hingelegt: Als Kind war er von seinem Spielzeug-Trecker kaum zu trennen – und heute ist er Lohnunternehmer und fährt beruflich Traktor.

DU BIST DEINES EIGENEN GLÜCKES SCHMIED

Ich möchte dich ermutigen: Nimm dein Schicksal selbst in die Hand. Niemand jemand kennt dich so gut wie du, und kaum jemandem ist es so wichtig wie dir selbst, dass es dir gut geht und dass du Erfolg hast. Wenn du darauf wartest, dass dir jemand in den Bus hilft, ist der schon lange abgefahren. Selbst ist der Mann. Und die Frau.

Wem das zu einfach oder zu theoretisch klingt: Ihr habt doch gerade mein Buch in der Hand. Ihr lest diese Zeilen von mir. Das ist doch Beweis genug. Denn schaut einfach mich an! Ich bin heute 32 Jahre alt, ich bin Ehefrau und Mutter einer bezaubernden Tochter. Mein Beruf ist Handwerkerin, genauso wie Model, Content-Creatorin und Autorin.

Aus dem Mädchen, dem wenige viel, aber dafür viele wenig zugetraut haben, ist eine selbstbewusste und erfolgreiche Frau geworden. Eine Frau, der nicht alles reibungslos geglückt ist, sondern die zahlreiche Niederlagen und Rückschläge verarbeiten musste.

Natürlich ist der Weg zum Erfolg steinig. Niemand lädt dich ein, dir vom großen Kuchen ausgerechnet sein Stück zu schnappen, und das Berufsleben ist nun mal ein Verdrängungskampf. Den Modeljob, den ich bekomme, bekommen 40 andere Models nicht, die ihn auch gerne gehabt hätten. Und das gilt für Jobs als Influencerin genauso wie für Jobs als Dachdecker oder als Anwalt. Man muss bereit sein, alles zu geben. Denn da draußen sind genug andere, die dich sofort überholen, wenn du glaubst, du könntest mit halber Leistung vollen Ertrag einfahren. Das mag manchmal hart sein, aber dafür ist es klar definiert. Du musst nicht überdurchschnittlich intelligent sein oder aus reichem Hause kommen.

Du musst einfach nur die Leidenschaft in dir entfachen. Den Erfolg wirklich spüren und genießen wollen und dann die Bereitschaft daraus ziehen, auf deinem Gebiet besser zu werden als die meisten. Du musst nicht der oder die Allerbeste werden. Eine Beyoncé gibt es nur einmal. Aber es gibt Tausende junger Frauen, die durch die Musik zu Millionärinnen geworden sind. Auch die waren fleißig. Auch die hatten ein Ziel. Auch die mussten hart arbeiten und auf vieles verzichten, um ihren Körper und ihr Talent zu Spitzenleistungen zu treiben.

Bei mir war es das Handwerk, das diese Begeisterung hervorgerufen hat. Das frühe Aufstehen. Das harte Arbeiten. Das Durchsetzen in einer Männerdomäne. Alles das, was das Handwerk für viele, die es oberflächlich betrachten, unattraktiv macht, war für mich fast schon ein Genuss.

Wenn du weißt, wo du hinwillst, sind die Steine, die dir auf dem Weg dahin zwischen die Beine geworfen werden, keine Hindernisse, sondern Baumaterial, aus dem du deinen Weg bauen kannst.

Go for it! Finde dein Talent, halte daran fest und verliere dein Ziel nicht aus den Augen. Investiere in genau diese Sache all deine Kraft und Konzentration.

Die Werkstatt meines Vaters war mein Rückzugsort. Meine Wohlfühloase. Hier war ich glücklich, hier war ich konzentriert, und hier lernte ich alles in rasender Geschwindigkeit. Alles sog ich in mich auf. Wollte alles wissen, verstehen, können. Bohren, sägen, messen, schneiden. Ich erlernte all diese Fähigkeiten, die man zum Werkeln braucht – und das mit großer Freude.

HARTE GRUNDSCHULZEIT

Leider lief es in der Schule genau andersrum. Dort, wo es Prüfungen gab und man dauernd getestet wurde, wurde es immer schlimmer für mich. Ich war keine gute Schülerin, ich fand keinen Zugang zu diesem gesamten System, in dem es letztendlich um Gehorsam und stupides Lernen ging. Das war mir früh klar, aber das nützte nicht viel. Der Leistungsdruck von Lehrern und auch meinen Eltern kam trotzdem. Damals hat mich das wahnsinnig belastet und teilweise auch verängstigt. Es hat mich zuweilen auch sauer gemacht und wütend. Heute verstehe ich, warum meine Eltern sich Sorgen gemacht haben. In ihrer Generation war es eigentlich unmöglich, ohne anständigen Schulabschluss und Ausbildung ein gutes Leben führen zu können. Die Regeln hatten sie nicht gemacht, aber sie konnten sie auch nicht ändern, also versuchten sie eine Weile lang alles, um ihre Tochter auf den Pfad der Tugend zurückzubringen.

Wenn man sehr jung und unerfahren ist, sieht man vieles noch aus einer eingeschränkten Perspektive. Man denkt, die Eltern wollen einen nur quälen und triezen und mit Disziplin, Verboten und neuen Regeln zu besseren Noten zwingen. Dass sie nur Angst um meine Zukunft hatten, sah ich damals nicht. Mir war nur klar, dass ich nicht für stundenlanges Am-Küchentisch-sitzen-und-Lernen geschaffen war. Und diese Abneigung lebte ich auch aus.

Es gab Phasen, da muss ich eine wirklich unerträgliche Tochter gewesen sein. Ich schmiss das Schulheft durch die Küche und fühlte mich von meinen eigenen Eltern unverstanden und ungerecht behandelt. Nachdem ich die ersten Arbeiten geschrieben hatte und trotz intensiven Lernens schlechte Noten erhielt, stieg der Leistungsdruck sogar noch an. Jede schlechte Klassenarbeit verschärfte den Ton und die Maßnahmen der Elternbrigade, die zu Hause auf mich wartete und mir mein Leben zu einer Lesehölle aus Schulbüchern machen wollte.

Das alles ging nicht spurlos an mir vorüber. Schon wenn ich den Schulhof betrat, schnürte es mir den Hals zu. Fremdsprachen zu lernen etwa war für mich eine Qual epischen Ausmaßes. Ich verstand weder die Notwendigkeit noch den Sinn dahinter. Bei uns in der Küche sprach man Hochdeutsch, und wenn Oma zu Besuch war, ein paar Brocken Plattdeutsch. Nach jahrelangen Urlauben an der Ostsee (in den Neunziger- und den Nullerjahren) hatte ich in meinem Leben absolut keine Berührungspunkte mit Fremdsprachen gehabt. Und wenn man in einem Dorf in Ostwestfalen aufwächst, begegnet man an der Ecke zwischen Bushaltestelle und Kuhweide auch nicht sehr häufig redseligen Amerikanern, die einen auf Englisch ansprechen. Andere Sprachen tauchten in meinem Leben erst in der Schule auf. Entsprechend schwer tat ich mich.

Das Einzige, was den Schulalltag noch erträglich machte, war meine beste Freundin Sarah. Bei ihr war das ein wenig wie bei vielen Models, wenn sie vor einem wichtigen Job unbedingt abnehmen wollen: Sie müssen im Supermarkt nur ein Tiramisu sehen, dann haben sie schon wieder 400 Gramm mehr auf den Hüften. Bei Sarah war das auch so, aber mit Fremdsprachen. Sie musste ein Vokabelheft nur ansehen und zack, konnte sie plötzlich Spanisch. Während ich noch herausfand, dass „yes" wohl „ja" bedeutet, hatte sie schon ein Shakespeare-Sonett ins Deutsche übersetzt. Das war ihr Talent, meins war das Werkeln. Ihres war in der Schule hoch angesehen, meins wurde dort jedoch gar nicht gebraucht. Das führte sehr früh zu sehr unterschiedlichen Zeugnissen und am Ende dazu, dass ich die dritte Klasse wiederholen musste. Klingt das nach einem von Erfolgen gespickten Leben?

Ich würde mal sagen: Nein. Im Gegenteil. Ich fühlte mich in der Schule noch unwohler, denn jetzt war ich offiziell eine schlechte Schülerin. Und als Bonus hatte ich noch meine beste Freundin verloren. Also, zumindest als Sitznachbarin. Sie ging nach den Sommerferien in die vierte Klasse, ich ging ohne sie in meine neue Klasse.

Meine neuen Mitschüler lebten in ihrer eigenen, bizarren Welt, zu der ich nie dazugehören würde. Braun gebrannt erzählten sie sich von ihren Sommerurlauben: Jetset, Jetlag und Beach Club. Ich dagegen erzählte davon, wie ich den ganzen Sommer lang mit meinem Vater die Terrasse hinter unserem Haus erneuert hatte. Die einen erzählten von Motorbootfahrten, Shoppingtouren, Tennisturnieren und Schnorchel-Kursen. Ich berichtete, wie viele Zentimeter Schotter ich aufgetragen hatte, um ein tolles Fundament zu schaffen. Und ich bemerkte sofort, wie ich belächelt wurde. Ich war das schlaksige, rothaariges Mädchen, das seine Zeit gerne auf Baustellen verbringt. Die Loserin, die noch nie geflogen war und keine Designersonnenbrille trug. Mit meinen Fleischwurstbroten und den Latzhosen war ich in der Klasse nicht unbedingt die heißeste Kandidatin auf den Titel des angesagtesten Mädchens des Jahrgangs. In der Retrospektive klingt das eventuell nach den oberflächlichen Problemen kleiner Kinder, die von den echten Problemen dieser Welt noch nichts wissen. Aber der erste Tag in meiner neuen Klasse ohne Sarah war der Startschuss zu den schlimmsten zehn Jahren meines Lebens. Zehn Jahre! Unfassbar! Das ist fast ein Drittel meines Lebens und meine gesamte Jugend.

Später sollte sogar der liebevolle Spitzname „Baumädchen“ meiner Mutter gegen mich verwendet werden. Obwohl ich mich selbst so definierte und mich mit diesem Etikett Baumädchen identifizieren konnte, mutierte es in meiner Schule schnell zum Schimpfwort. Kein Zuckerschlecken, wenn du sehr jung bist und das, was dir am meisten bedeutet, von genau den Menschen als lächerlich betrachtet wird, die potenziell deine Freunde werden sollten.

Und wenn du tagtäglich von deinen Mitschülern belächelt, als sonderbar abgestempelt und bemitleidet wirst, macht das etwas mit dir. Kinder können unfassbar brutal sein, sie verletzen mit Worten, ohne sich über deren Tragweite bewusst zu sein. Oft sind die Verletzungen, die man nicht sehen kann, deutlich schlimmer als ein Kratzer am Arm oder eine Beule.

Was sollte ich also machen? Meine Eltern waren bereits enttäuscht über meine schulischen Leistungen und erwarteten nun eine deutliche Steigerung. Sarah war weg, und die neuen Klassenkameraden waren vieles, aber mit Sicherheit keine Kameraden.

So entwickelte ich unterbewusst meine ganz eigenen Schutzmechanismen. Durch frühste Kindheit geprägt, ja, vielleicht sogar ein wenig verdorben und geschädigt, sah ich inzwischen in fast allem einen Angriff und bollerte immer gleich zurück. Bestimmt auch nicht immer gerecht, doch ich wollte mich natürlich schützen. Ich war einfach zu oft verletzt worden und noch viel zu jung, um abstrahieren zu können, was ein gezielter Angriff auf mich war und was vielleicht nur ein Satz wie jeder andere.

Ich denke heute noch oft an diese Zeit zurück. Wenn ich damals gewusst hätte, dass ich inzwischen Bücher schreibe, die Welt bereist habe und zu den Besserverdienenden gehöre, wäre es vielleicht anders gelaufen. Aber hinterher ist man immer schlauer.

Damals habe ich einfach nur gelitten. Heute lassen sich Konzerne und deren Marketingabteilungen von mir beraten und sehen eine starke, erfolgreiche Frau, von der sie in bestimmten Bereichen lernen können. Sie würden im Traum nicht daran denken, dass ich mich jahrelang als schwächstes und unbeliebtestes Glied einer sehr langen Kette gefühlt habe. Heute weiß ich, was ich geschafft habe, was ich leisten kann und was ich wert bin, kenne aber auch die Schattenseiten. Es fällt mir leicht, zu merken, wenn sich andere gerade ähnlich fühlen wie ich mich damals – und denen versuche ich, ein wenig zu helfen.

Bis heute ist vieles ein Rätsel, was damals passiert ist. Jedenfalls aus der Sicht der Frau, die ich heute bin. Was hat mich damals davon abgehalten, den Schulstoff zu lernen, obwohl ich wusste, dass es meinen Eltern wichtig war? Warum wurde ich als Außenseiterin gesehen, obwohl ich niemandem etwas Böses wollte? Warum wurde ich tagtäglich gemobbt? Und vor allem: Warum konnte ich mich nicht einfach in dieses System integrieren? Alle anderen haben es doch auch geschafft. Und das waren auch nicht alles Überflieger in der Schule.

Ich glaube, man muss frühzeitig mit seinem Talent gefördert werden. Man muss Menschen um sich haben, die das erkennen und damit umgehen können. Ältere Menschen. Geschwister, Eltern, Freunde, Großeltern, Lehrer, Nachbarn. Nur so wird man auch selbstbewusst und entwickelt den Mut, sich allen Herausforderungen zu stellen und andere Dinge zu lernen und zu begreifen als nur die, die einem zufliegen.

NETZWERKE NUTZEN

Ein starkes Netzwerk kann Frauen im Handwerk helfen, sich gegenseitig zu unterstützen und Erfahrungen auszutauschen. Nicht nur die Familie und das direkte Umfeld spielen dabei eine wichtige Rolle, sondern besonders im späteren Leben auch Plattformen wie Instagram. Sie bieten Frauen die Möglichkeit, sich zu vernetzen, ihre Geschichten zu teilen und sich gegenseitig zu motivieren.

Wir erfahreneren Handwerkerinnen können als Vorbilder dazu beitragen, das Bild von Frauen im Handwerk nachhaltig zu verändern. Indem wir unsere Erfolge und Herausforderungen sichtbar machen, inspirieren wir die nächste Generation von Handwerkerinnen und zeigen, dass Gleichberechtigung nicht nur ein Traum, sondern eine erreichbare Realität ist.

Mein Talent war seit frühster Kindheit das Schrauben, Bauen und Basteln. Dass ausgerechnet dieses Talent mich in der Schule, bei meinen Klassenkameraden zur Witzfigur machte, war nicht einfach zu verdauen. Damals wusste ich nicht, was heute die wichtigste Botschaft in diesem Buch an euch ist: Entdeckt euer Talent und stürzt euch drauf. Dann kommt alles andere von ganz allein.

Damals habe ich unzählige Nächte wach gelegen und mich gefragt, ob vielleicht etwas mit mir nicht stimmte. Nicht für ein paar Tage, ein paar Wochen oder ein paar Monate. Es vergingen Jahre, in denen ich die Schulbank drücken und mich irgendwie durchwursteln musste. Jahre, in denen ich in den Pausen schnell aufs Klo flüchtete. Wie in schlechten Hollywoodfilmen, wo das missverstandene Aschenputtel in der Highschool so lange gehänselt und untergebuttert wird, bis zufällig der Star des Schul-Football-Teams sich in sie verliebt, sie ihre Brille abnimmt, kurze Röcke trägt und plötzlich wie ein Supermodel aussieht. Der Unterschied zu Hollywood war nur: Der Schulstar kam nicht und ich saß weiter in der Mädchentoilette auf dem Boden und hoffte, dass es niemandem auffiel. Hier war ich zwar allein, während die anderen auf dem Schulhof spielten, lachten und sich für die Nachmittage verabredeten, aber solange sie mich nicht entdecken, konnten sie mich auch nicht verletzen.

Aus Langeweile schraubte ich sogar regelmäßig den Spülkasten des WCs auseinander und dann wieder zusammen. Vermutlich hat meine Schule Unsummen an Reparaturkosten gespart, weil ich dabei routinemäßig auch immer mal wieder zufällig nebenbei Verstopfungen aufhielt, bevor sie sich richtig entfalten konnten. Wenn man es sarkastisch sagen möchte, könnte man es so formulieren: Vielleicht bin ich ja auch Anlagenmechanikerin geworden, weil ich schon damals immer sehr viel Zeit auf der Toilette verbracht habe.

Die Mädels, die mich täglich runtergemacht haben, als wir Kinder waren, erzählen heute jedem, sie hätten mich ja schon in der Grundschule gekannt.

DER SOMMER, IN DEM DAS „BAUMÄDCHEN" GEBOREN WURDE

Wie das Schulleben so spielt, ließ ich die Toilette meiner Grundschule irgendwann zurück. Nicht, weil ich plötzlich doch noch vom Schulschwarm entdeckt und wach geküsst worden wäre, sondern weil der Schulwechsel anstand. Zumindest die Grundschule hatte ich also hinter mich gebracht. Wie aufgrund meiner schulischen Leistungen nicht anders zu erwarten, würde ich in die Hauptschule wechseln.

Die Sommerferien zwischen diesen beiden Schulphasen meines Lebens verbrachte ich in unserem Garten hinter dem Haus, neben der Werkstatt. Mein Feld der Träume. Auch Sarah schaute immer mal wieder vorbei, inzwischen hatte sie aber neue Freunde gefunden. Das war nicht verwunderlich, denn sie hatte keine Klasse wiederholen müssen und war darum schon im Sommer davor aufs Gymnasium gewechselt. Ganz vergessen hatte sie mich aber nicht. Trotz der besseren Schulleistungen, der besseren Schule und ganz neuen Freunden kam sie immer noch vorbei. Darüber freute ich mich sehr. Sie war noch immer wie meine Schwester. Oder vielleicht sogar mehr, denn Schwestern streiten sich oft, aber wir machten einfach alles zusammen. Trotz unserer unterschiedlichen Interessen und Talente ergänzten wir uns exzellent. Wenn ich ein Baumhaus bauen wollte, kümmerte sie sich um die Deko und backte den Kuchen, den wir dann genüsslich darin verspeisten. Gut, damals war ihr Backtalent vielleicht doch etwas moderater, als ich es in der verklärenden Erinnerung sehe, denn wenn ich ehrlich bin, waren an Sarahs Kuchenrezepten zumeist wenig Milch, Butter, Mehl oder Backpulver beteiligt, dafür aber umso mehr Sand und kleine Kieselsteine. Ich habe das Knirschen zwischen den Zähnen noch heute im Ohr. Aus Erde backt man halt keinen Kuchen, der es in Kochsendungen schaffen würde, aber wie er schmeckte, war mir egal. Sarah hatte ihn für uns gebacken. Es war der Sarah-und-Sandra-Kuchen, und er stand für unsere Freundschaft. Ich hätte ihn also auch gegessen, wenn er aus Schichtbeton und Isolierschaum bestanden hätte – und er hätte grandios geschmeckt.

Da Sarah sich aber auch viel mit ihren neuen Freunden traf, saß ich oft allein im Garten. Aus Langeweile flüchtete ich dann rüber in die Werkstatt. Meine Eltern merkten natürlich, dass ich mich oft einsam fühlte, und versuchten das dadurch aufzufangen, dass sie mich so gut es eben ging in ihren eigenen Alltag integrierten. Mein Papa nahm mich mit in die Werkstatt, und ich half beim Betonieren einer neuen Mauer. Denn in diesem Sommer hatte mein Vater das Projekt, als Gartenbegrenzung zur Straße eine neue Mauer zu errichten. Ich wurde seine wichtigste Assistentin und durfte sogar den Beton anrühren. Plötzlich dachte ich gar nicht mehr daran, dass meine Mitschüler jetzt in hübschen Bikinis an Traumstränden saßen und eiskalte Cola schlürften. Oder wie ich mich in der neuen Schule schlagen würde. Nein, ich stand voller Stolz am Betonmischer und sorgte für Nachschub für die neue Mauer. Ich weiß noch, wie der Zement meine Lippen etwas spröde machte. Bloß weg da von diesem Teufelszeug, würde jeder Modelbooker sagen. Aber das war mir egal. Vor allem, weil ich noch keinerlei Schimmer davon hatte, was ein Modelbooker überhaupt war. Also störte mich das alles nicht.

Ganz im Gegenteil, ich war voller Freude. Voller Euphorie. Voller guter Laune. Nach Jahren, die ich verloren in Schulklos verbracht hatte, spürte ich eine Lebensfreude, die unerschöpflich und unbesiegbar schien. Mein Vater, der mich oft mit großer Sorge angeschaut hatte, wenn er über meine Schulnoten sprach, lobte mich plötzlich täglich und meine Mutter brachte fröhlich Brote raus zu ihrem fleißigen Handwerkerteam.

„Hier, BAUMÄDCHEN“, sagte sie jetzt oft, „wer arbeitet, muss auch essen.“

Baumädchen, das gefiel mir. Ich lächelte. Ja, das war ich. Ich bin ein Baumädchen. Ich war lange genug die „Komische“ gewesen, die die dritte Klasse nicht geschafft hatte und keine Levi’s Jeans trug.

Es war der Sommer, in dem ich zum Baumädchen wurde. Der Gamechanger meines Lebens. In diesen Ferien lag ich abends oft im Bett und fühlte mich etwas erschöpft vom Tag, aber glücklicher als je zuvor. Obwohl es ein heißer Sommer war, waren wir fleißig – und pünktlich zum Ende der Ferien war unsere Mauer komplett gegossen. Jetzt hieß es also streichen. Gesagt, getan. Ich schwang den Pinsel, strich den ganzen Tag fröhlich umher und genoss mein Leben als Baumädchen.

Ich bin nicht mit einem goldenen Löffel in der Hand geboren, dafür mit einem Stemmeisen.

Was ich dabei vergaß: In Deutschland herrscht Schulpflicht. Und ich hatte erst die vierte Klasse abgeschlossen. Die Sommerferien neigten sich dem Ende zu, und der Ernst des Lebens für Schulkinder näherte sich schneller, als ich nachpinseln konnte. Das endgültige Ende des bislang schönsten Sommers meines Lebens sah ich nicht kommen, ich roch es: Plötzlich bahnten sich die Rauchschwaden und der Geruch unseres Grills bereits um 18:00 Uhr ihren Weg durch unseren Garten. Völlig verstört fragte ich, warum wir denn heute schon so früh zu Abend essen würden. Meine Mutter lächelte zwar, aber ihre Antwort gefiel mir ganz und gar nicht.

Während sie mir ein Bratwürstchen auf den Teller schaufelte – denn wer viel arbeitet, muss auch viel essen –, sagte sie: „Heute ist schon Freitag. Am Montag beginnt die Schule wieder, deshalb musst du jetzt abends etwas früher ins Bett, um zum Schulstart ausgeruht zu sein."

Ernüchtert stellte ich fest: Die sechs Wochen Sommerferien waren wie im Flug vergangen, und eine Verlängerung gab es auch für Baumädchen nicht, die dringend noch eine Mauer zu Ende streichen mussten.

Na ja, jetzt hatte ich wenigstens eine Vorstellung, wie sich Fliegen anfühlte. Man überwindet eine sehr lange Strecke in Rekordzeit und fragt sich am Zielort, wie das so schnell gehen konnte. In meinem Fall flog ich zwar nicht durch die Luft, aber selbige blieb mir weg, als ich realisierte: Noch dreimal schlafen und dann geht es wieder in die Schule. Umgehend wurde die Bratwurst auf meinem Teller uninteressant. Nach Bauch vollschlagen war mir jetzt nicht mehr.

Das ist übrigens bis heute so. Immer, wenn ich Stress verspüre, kann ich keinen Happen essen. Für viele Models ist das natürlich ein Traum. Sich einfach gnadenlos Stress machen und dann nichts essen können. Eine bessere Diät gibt es nicht. Ob ich heute, mit 32, also immer noch so schlank bin, weil ich bis heute unter erbarmungslosem Stress stehe?

Aber zurück zu jenem Sommer in den frühen Nullerjahren, in denen meine Mama und die Schulpflicht mich hinterrücks davon abhalten wollten, meine erste Mauer fertig zu streichen. Papa würde die Mauer allein zu Ende streichen, kündigte meine Mutter an. Fassungslosigkeit machte sich breit, aber Rebellion wäre erfolglos geblieben.

Jedes Flehen und Betteln war umsonst. Meine Mutter konnte sehr streng sein, wenn es um Pflichten oder die Schule ging.

An das Fertigstellen der Mauer war also nicht zu denken. Selbst der Lieblingssatz meines Vaters ließ sie kalt, den ich mir taktisch klug zu eigen machen wollte: „Wer eine Arbeit anfängt, der macht sie auch zu Ende!"

Das war sein Motto. Jede Arbeit, jeden Job, den er anfing, beendete er auch erfolgreich.

Unter den Fliesenlegern galt er als kleiner Handwerker-Star. Wenn anspruchsvolle Arbeiten gemacht werden mussten, zum Beispiel ein aufwendiges Mosaik, wurde immer er geholt. Und weil mein Vater mein Held war, zählten seine Leitsätze für mich natürlich, als wäre Gott höchstpersönlich aus dem Firmament herabgestiegen und hätte sie in weithin sichtbaren Neon-Lettern ans Brandenburger Tor getackert. Aber auch das half nichts. Statt mich meinem eigentlichen Job, der Mauer, zu widmen, sollte ich den letzten Samstag der Sommerferien im Einkaufszentrum verbringen und mich mit Schulheften eindecken. Was machte ich also? Genau! Das Einzige, was normale Kinder in so einer Situation tun: Ich stellte meinen Wecker auf fünf Uhr früh, schlich mich aus dem Haus und strich um mein Leben. Als meine Mutter mich um 09:30 wecken wollte und mein Zimmer leer vorfand, kam sie so schnell in den Garten geschossen, wie ich sie noch nie gesehen hatte. Mist, dachte ich. Das gibt Ärger. Und da lag ich überraschenderweise gar nicht mal so falsch. Viel Zeit, die Tiraden meiner Mutter über mich ergehen zu lassen, wie ich denn aussehen würde, so alles voller Farbe und ob sie mich etwa so mit in die Stadt nehmen solle, blieb aber zum Glück nicht.

Mein Vater kam nämlich plötzlich aus der Werkstatt und sagte: „Hey Baumädchen, du hast ja alles fertig gestrichen!"

Er garnierte diesen Satz mit einem Lächeln. Ein Lob und ein Lächeln von meinem Vater, das war etwas Besonderes.

Dazu müsst ihr wissen, dass mein Vater Handwerker durch und durch ist. Handwerker schauen oft etwas grummelig und sprechen nur das Nötigste. Die meisten sind eigentlich total liebe Kerle, aber sie sind in Gedanken immer irgendwie bei der Arbeit. Und dort gilt es anzupacken und keine Romane zu erzählen. Da bleibt nicht viel Zeit zum Schnacken.

Entsprechend glücklich war ich natürlich. Stolz antwortete ich: „Na klar, Papa! Wenn man eine Arbeit anfängt, dann bringt man sie immer zu Ende!"

Damals war es einfach nur das seltene Lob, das mich so angespornt und motiviert hat. Heute weiß ich, dass es viel mehr war. Mein Vater hatte mir so schon als Kind beigebracht, durchzuhalten, abzuliefern und dranzubleiben, auch wenn es schwierig wird. Dafür bin ich ihm unendlich dankbar. Nicht nur, weil sich diese Eigenschaft als ein echtes Talent entpuppt hat und ich es ich in meinem weiteren Leben noch oft brauchen sollte: Durchhaltevermögen.

Jetzt konnte ich mich reinen Gewissens (die Mauer war fertig) und voller Stolz (Lob von Papa) von meiner Mutter auf den Ernst des Lebens vorbereiten lassen. Also zog ich mir schnell saubere Kleidung an – und dann ab ins Auto. Ich machte gute Miene zum bösen Spiel, und schon bald hatten wir alles gefunden, alles gekauft. Die Schule konnte losgehen.

FRAUEN IM HANDWERK: SENSIBILISIERENDE KAMPAGNEN SCHON IN DER SCHULE

Bereits in der Schule sollten junge Mädchen die Möglichkeit erhalten, technische und handwerkliche Berufe kennenzulernen. Praktika, Berufsinformationsveranstaltungen und Projekte, die speziell auf Mädchen ausgerichtet sind, können helfen, Vorurteile abzubauen und Interesse zu wecken. Besonders viel Potenzial liegt dabei in einer direkten Zusammenarbeit von Schulen und Bildungseinrichtungen mit Handwerksbetrieben und Einzelpersonen als Role Models: Projekttage, an denen erfahrene Handwerkerinnen ihr Wissen weitergeben, können Mädchen ermutigen, sich für eine handwerkliche Laufbahn zu entscheiden.

Mit meinen neuen, unbefleckten Schulheften in der Hand und einer großen Portion Eis, die meine Mutter uns aus der Eisdiele besorgt hatte, kamen wir am frühen Nachmittag wieder zu Hause an.

Aufgeregt rief ich, noch gar nicht ganz aus dem Auto gestiegen, laut in die Werkstatt: „Papa! Manuel! Kommt Eis essen!“

Es wurde wieder einer dieser schönen Momente, an die ich mich immer wieder gerne erinnere. Zusammen saßen wir im Garten, schauten auf die neue weiße Mauer und aßen unser Eis. Erst die Arbeit, aber dann auch das verdiente Vergnügen.

Wir lauschten der sommerlichen Friedfertigkeit unserer Heimat. Das Rauschen der Bäume, der Geruch der Blumen, Wiesen und Wälder und das Flackern der Hitze über den Feldern waren herrlich.

Nachdem wir unsere Eistüten ausgeschleckt hatten, steckte mein Vater sich genüsslich eine Pfeife an und sagte: „Mensch Sandra, die Mauer ist dir super gelungen!"

Ich fühlte eine Zufriedenheit in mir, dir mir viel Mut und Zuversicht gab. Mit Mauern hatten wir in Deutschland ja viel Erfahrung, super gelungen sind aber nicht immer alle. Für manche brauchte man sogar Ronald Reagan, Michail Gorbatschow, Helmut Kohl und ziemlich viele mutige Ostdeutsche, um sie vernünftig wieder abzutragen. „Mr. President, tear down this wall" war mir damals aber noch kein Begriff. Ich lauschte keinen großen Politikern aus der Vergangenheit. Ich lauschte dem Hier und Jetzt.

Und da ermutigte mich mein Vater, mir keine Sorgen zu machen über alles, was nach dem Wochenende beginnen würde.

Seine Worte vergesse ich nie: „Mit der gleichen Energie musst du Montag nur in die Schule gehen, und es wird auch da klappen! Auch das wirst du schaffen! Versprochen!" Das hat mich aufgebaut, aber auch an den sogenannten Ernst des Lebens erinnert, vor dem ich nach wie vor am liebsten geflüchtet wäre.

Ich ging an diesem Samstagabend früh auf mein Zimmer. Die eigenen vier Wände, mein Bett, die Decke bis zum Kinn hochgezogen. Das war immer noch eine Art Safe Place für mich. Hier würde mir nichts passieren. Leider konnte ich nicht für immer einfach in meinem Bett bleiben. So wie der Samstag verging, würde auch der Sonntag vergehen und mit ihm die letzten Stunden vor meiner Rückkehr in den Teil meines Lebens, der mir am wenigsten Freude machte in diesen Zeiten. Darum spürte ich in mir diese Unruhe. Ich zog mich zurück und wollte über alles nachdenken. Mein Vater hatte vielleicht recht.

Der Montag kann ein Neustart sein. Die Vergangenheit kann vergangen bleiben. Man schaut in die Zukunft und nicht auf das, was man nicht mehr ändern kann. Alles wird neu sein. Neue Schule, neue Schulkameraden, vielleicht wird ja alles gut? Ich weiß heute: Ja, es hätte klappen können. Ich bin nicht zu dumm für die Schule oder talentfrei. Die, die damals meine schulischen Leistungen belächelt haben, reiben sich jetzt die Augen, wo diese rothaarige Sandra, der sie nichts zugetraut hatten, überall zu sehen und zu lesen ist. In den letzten Jahren habe ich mehr Kolumnen geschrieben als manch Studierter, und ich schreibe jetzt gerade mein zweites Buch – dieses hier.

TRÜBE AUSSICHTEN

Zur Wahrheit gehört auch: Damals in der Schule bekam ich keinen Satz aufs Papier. Ich war wie blockiert. Ich konnte meine Fähigkeiten und Talente nicht abrufen. Selbst die einfachsten Zusammenhänge brachte ich manchmal durcheinander. Nicht, weil ich es nicht wusste oder nicht begreifen konnte. Einfach, weil ich damals nicht bereit war. Das System und ich, wir passten nicht zusammen. Und wenn man so ein junger Mensch ist, dann durchschaut man das nicht. Man erkennt die Problematik nicht. Man ist enttäuscht und verängstigt. Enttäuscht von den Mitschülern, den Lehrern, der Institution Schule, dem Zwang, überhaupt hingehen zu müssen – und im Grunde am meisten von sich selbst. Ich war gefangen in diesem Unwohlsein.

Es gab keine Tür hinaus. Es schlossen sich viele Türen damals, sehr viele. Aber die anderen Türen, die sich angeblich öffnen sollen, während andere sich schließen, auf die wartete ich lange vergebens.

Ich will die Schuld heute gar nicht nur meinen Lehrern oder Schulkameraden geben. Niemand hat mich gezwungen, die Sache so anzugehen. Niemand hat mir befohlen, mich zurückzuziehen oder zu versuchen, vielem aus dem Weg zu gehen. Die Hauptschuld lag sicherlich bei mir. Man gerät einfach in einen Teufelskreis. Vor allem, wenn man zu jung ist, um die Welt überhaupt ansatzweise zu begreifen. Da ist das, was auf dem Schulhof passiert, manchmal eben das Wichtigste, was man erlebt. Oder halt erleidet. Einmal angefeindet, einmal ausgelacht, einmal gehänselt, schon baut man automatisch diesen Schutzschild auf. Und natürlich wird auch die eigene Toleranzschwelle fragiler. Das Nervenkostüm ist nicht mehr stabil, wenn man sich immer nur verängstigt fragt, wann wohl der nächste Tiefschlag kommt. Also reagiert man selbst auch oft zu schnell, zu hart, zu schroff. Das macht die Situation natürlich auch nicht besser oder angenehmer. Und schon gar nicht hilft es, die Atmosphäre zu verbessern.

Diese Erfahrung hat mich damals über Jahre fürchterlich gequält. Natürlich ist das nicht vergleichbar mit wirklich schlimmen Schicksalen, die andere Menschen erleiden, denn ich war immer gesund, hatte ein fantastisches Elternhaus, ein Dach über dem Kopf und genug zu essen.
Aber in meiner kleinen Welt war ich einem Leben ausgesetzt, von dem ich irgendwann einfach nicht mehr glaubte, ihm signifikant eine neue Richtung geben zu können.

Diese Erfahrungen haben aber – das ist heute natürlich leicht zu sagen – auch positive Effekte gehabt. Sie machen mich wahrscheinlich zu einer besseren Gesellin. Einer, die ganz besonders gut auf Praktikanten und Lehrlinge achtet.

Die nicht nur auf deren Leistung schaut, sondern auch auf ihre Verfassung. Die versucht, bestmöglich auf sie einzugehen. Das, was mir damals gefehlt hat, möchte ich heute doppelt geben. Denn wenn ich auch nur einem einzigen jungen Menschen eine angenehmere Atmosphäre vermitteln kann, hat sich das alles schon gelohnt. Ich bin keine Psychologin, also liegt es vielleicht an meiner eigenen Historie, dass ich heute oft Schwingungen und Befindlichkeiten sehr gut spüre. Ich sehe, wenn sich jemand unwohl fühlt. Ich bemerke, wenn jemand nicht mit Freude und der nötigen Motivation bei der Sache ist. Dann gebe ich mein Bestes, ihm zur Seite zu stehen.

Das hat viel damit zu tun, dass ich Ungerechtigkeiten hasse wie die berühmte Pest. Darum kämpfe ich jedes Mal wie eine Löwin. Für mich, aber auch für andere. Manchmal sogar mehr für andere als für mich, wenn es mir notwendig erscheint.

STEREOTYPE UND VORURTEILE

Eines der größten Hindernisse für Frauen im Handwerk sind tief verwurzelte Geschlechterklischees. Noch immer herrscht in vielen Köpfen die Vorstellung, dass körperlich anspruchsvolle oder technisch orientierte Berufe nicht für Frauen geeignet seien. Diese Vorurteile beginnen oft schon in der Schulzeit: Studien zeigen, dass Mädchen seltener als Jungen dazu ermutigt werden, technische oder handwerkliche Berufe zu ergreifen. Stattdessen wird ihnen nahegelegt, sich für „klassisch weibliche" Berufe wie Friseurin, Erzieherin oder Kauffrau zu entscheiden.

Auch auf Baustellen oder in Werkstätten begegnen Frauen häufig Vorurteilen. Es werden Fragen gestellt, die einem Mann nie gestellt worden wären. Sätze wie „Kannst du das überhaupt tragen?" oder „Haben die keinen Mann mehr gehabt?" sind leider noch immer Alltag. Solche Bemerkungen sind nicht nur respektlos, sondern können auch das Selbstvertrauen junger Frauen untergraben. Das ist schlecht für alle Seiten. Für den Kunden, für die Handwerkerin, für ihre Firma und für die Gesellschaft.

Natürlich hätte ich mir das in meiner eigenen Schulzeit auch für mich gewünscht: Auf jemanden zu treffen, der versucht zu begreifen, was mit mir los ist. Der mir die Hand reicht und mir die Zuversicht gibt, dass nicht ich diejenige bin, die am falschen Platz ist. Ich hätte mir gewünscht, mich hätte jemand verstanden, sich hinter mich gestellt, für mich gekämpft.

Das war bis zu jenem verhängnisvollen Wochenende noch nicht geschehen. Aber am nächsten Montag, das sagte ich mir ganz eindringlich, sollte alles anders werden, das beschloss ich an diesem Samstagabend. Die Zukunft würde anders aussehen. Strahlend würde sie werden, das nahm ich mir ganz fest vor. So strahlend wie die Sterne am Nachthimmel, die ich an jenem Samstagabend auf meinem Bett liegend durch mein Dachzimmerfenster auf mich herunterglänzen sah.

DAS BAUMÄDCHEN NIMMT ANLAUF

EIN KURZER POWERMOMENT ALS VORZEICHEN

Er konnte also kommen, dieser Montag, den ich den ganzen Sommer lang als Bedrohung am Ende der Ferien vor mir hergeschoben hatte. Am Morgen stand ich früh auf, auch wenn ich kein Vogel war und mit Würmern noch nie etwas anfangen konnte. Ich wollte den Tag positiv und motiviert beginnen. Im Bad summte ich vor mich hin, versuchte, mir Gelassenheit anzusingen. Ich föhnte lächelnd meine rote Löwenmähne (so nannte meine Mama immer meine Haare); ich hatte rote, lange, dicke Haare, die von Natur aus kraus waren. Schon damals schlängelten sie sich einfach automatisch um sich rum, als wollten sie an Karneval als Korkenzieher gehen. Andere drehen sich dafür stundenlang Lockenwickler ins Haar, ich stand einfach so auf. Die Natur hatte mir Haare geschenkt, die wirklich wie eine Löwenmähne aussahen. Darunter dann – fast versteckt unter den Haarmassen – mein zierliches Gesicht. Helle Haut, gespickt mit Sommersprossen. In der Schule hätte niemand einen Cent darauf gesetzt, dass ich irgendwann mal als

Model arbeiten würde. Die Mähne, die Sommersprossen, für beides wurde ich oft gemobbt.

Aber ich hatte neue Zuversicht. Du bist du! Du bist selbstbewusst! Das sagte ich zu mir, immer wieder. Ich betete es runter wie ein Mantra: Sandra, das wird jetzt anders. Alles wird anders. Die alte Schule ist Geschichte. Die neue Schule ist das nächste Kapitel. Ein viel besseres. Eines, von dem ich mal meinen Kindern erzählen würde und meinen Enkeln. Die große Wende in meiner bis dato eher bescheidenen Erfolgsgeschichte auf den Schulhöfen meiner Region. Also los! Schulranzen auf, die neuen Schulhefte verstaut und noch schnell eine Packung Kekse aus dem Schrank stibitzt. Man weiß ja nie, wann der kleine Hunger kommt – außerdem sagte meine Oma immer: Mit Speck fängt man Mäuse. Speck mögen Kids ja nicht so, vor allem nicht in der Schule. Aber mit Keksen, da war ich sicher, da sollte man doch Freundschaften (an)-fangen können, oder?

Frisch frisiert, mit meinen Freundschaftskeksen im Gepäck und mit der absoluten Überzeugung, jetzt würde ein neuer Lebensabschnitt auf mich warten, machte ich mich auf den Weg zum Bus. Die Schule war bislang so etwas wie mein Kryptonit gewesen. Jetzt manifestierte ich, dass sie meine größte Stärke werden sollte. Ich trug zwar einen Schulranzen und kein Superheldinnen-Cape, aber ich fühlte mich wie Red Hair Girl, die Coolste der Schule. Denn ich kam jetzt in die fünfte Klasse, das war etwas ganz anderes als vorher. Da gehörte man ja quasi schon zu den richtig Großen. Ganz klar: Jungs fand man jetzt nicht mehr pauschal doof. Und der Schulweg wurde nicht mehr zu Fuß, sondern mit dem Bus absolviert. Erwachsener geht es ja wohl kaum. Denn die Hauptschule war im Nachbarort - fast eine Weltreise, wenn man noch nie geflogen war. Sobald der Bus losfuhr und am Orts-Ausgangsschild vorbeigerauscht war, war das ein Gefühl wie die große, weite Welt für mich. Sofort schüttelte ich den Ballast der vergangenen Jahre ab. Ich war jetzt auf dem Weg in ein neues Leben. Ich würde mich neu erfinden. Würde es vielleicht auch der Anfang für neue Freundschaften sein?

Wie es in diesen Jahren um den Wechsel auf die weiterführenden Schulen oft ist: Es war der Anfang einer neuen Epoche, ich war jetzt kein Kind mehr. Kein kleines Mädchen, das sich hinter dem Rock ihrer Mutter verkriechen konnte, wenn die Welt ihm plötzlich mal viel zu hektisch und zu groß vorkam.

Es begann die Zeit der Eigenverantwortung, aber auch der Lebensabschnitt der Pubertät. Die Hormone sprossen plötzlich noch dynamischer als die Sonnenblumen im Juli. Bei uns Mädchen, aber vor allem bei den Jungs. Wie über Nacht war ein dünnes, rothaariges Mädchen mit süßen Sommersprossen bei den Jungs plötzlich angesagt. Der komische, schlaksige, schüchterne Rotschopf hatte sich über den Sommer aus seinem Kokon geschält. Nicht nur mental, sondern auch körperlich. In den Wochen im Blaumann in unserem Garten war es mir gar nicht aufgefallen, da hatte ich keinen Gedanken an Jungs verschwendet. Nur an Mauern, Mörtel, Hammer und Spachtel.

Aber jetzt öffnete ich die Tür zum Klassenraum, und die Jungs lächelten mich an. Nicht dieses manchmal mitleidige, oft gehässige Lachen von früher. Genau das Gegenteil. Ich sah in staunende, beeindruckte, erwartungsfrohe Augen. Augen, die sich wünschten, von meinem Blick eingefangen zu werden. Ich war nicht mehr die, die hoffte, dass niemand sie bemerkte. The tables had turned. Ich war auf einmal die, von der die anderen hofften, sie würde sie bemerken. Nach all den Jahren, in denen ich die Pausen allein auf dem Boden einer Toilettenzelle auf dem Mädchenklo verbracht hatte, war das ein gutes Gefühl, das gebe ich unumwunden zu. Ein sehr gutes.

Aber konnte man dem Braten trauen, wie man auf dem Land so sagt? War das alles real? Oder wie der beste Freund von Markus Lanz, Richard David Precht, sagen würde (also fast jedenfalls): Wer bin ich – und wenn ja, für wie lange? Mein neues Ich, meine neue Wirklichkeit kam mir surreal vor. Ich musste behutsam sein, dachte ich. Könnte das alles sonst ganz schnell wieder vorbei sein?

Also jetzt nur nichts falsch machen, das sagte ich mir immer wieder. Rein in die neue Realität und lächeln. Ich grinste mein schelmischstes, charmantestes Lächeln, ließ lässig meinen Schulranzen von meiner Schulter gleiten und setzte mich auf einen freien Stuhl. Da ich vorher nie zu den populären Schülerinnen gehört hatte, war ich noch nicht sehr geübt in diesem Spiel. Bei den Jungs beliebt zu sein ist nämlich auch nicht der Schlüssel zur totalen Glückseligkeit. Die Welt ist schöner, aber auch nicht unproblematisch, wenn man auf der sonnigen Seite steht. Gehört man plötzlich zu den Mädchen, die von den Jungs wahrgenommen und umworben werden, gefällt das nämlich leider auch nicht allen.

Gleich in der ersten Pause bildeten die Mädchen eine Clique und machten ihre eigenen Regeln. Fast wie in diesem Kultfilm „Mean Girls“. Schulmädchen können teuflische Monster sein. Natürlich war ich ihnen ein Dorn im Auge. Ich bekam die Blicke der Jungs und sie nur die ungläubigen Kopfschüttler der anderen Mädchen. Also wurde ich aus ihrer neuen Clique nicht nur ausgeschlossen, ich war auch sofort das Mobbing-Opfer Nummer eins. Vom Regen in die Traufe sagt man da wohl. Zwar mit ganz anderen Vorzeichen, aber von der Methodik her im Prinzip gleich. Man machte sich nicht mehr lustig über mich, sondern man kanalisiert seinen Neid in Missgunst. Unterschiedliche Beweggründe, gleicher Effekt. Deshalb hielt mein Powermoment nicht sehr lange.

SCHON WIEDER AUSSENSEITERIN

Ich war wieder allein. Wieder formierte sich eine Armada gegen mich, diesmal bestehend aus Mädchen. Es passierte, was ich unbedingt hätte vermeiden wollen: Ich verschwand schnell wieder dorthin, wo ich schon vor den Sommerferien, vor meinem neuen Ich, vor der neuen Schule meine Pausen verbracht hatte – aufs gute alte Damenklo. Dort wähnte ich mich in Sicherheit. Keine gehässigen Blicke, keine gemeinen Tuscheleien, kein provozierendes Ignorieren.

Der Auftakt in eine neue Ära schlug fehl, ich mümmelte meine Packung Kekse allein und schwamm wieder in einem Gedankenmeer, durch das ein Ozeanriese der Verzweiflung seinen Weg in einen sicheren Hafen suchen wollte, welcher aber nirgends zu sehen war. Wieder hockte ich hier, wieder machte ich mir Gedanken, warum ausgerechnet ich nicht gemocht wurde. War ich wirklich so anders als all die anderen? Und falls ja: War das etwas Schlechtes?

Okay, ich war immer sehr direkt. Ich mag keine Schnörkel. Ich mag kein Um-den-heißen-Brei-Herumreden. Wenn ich etwas empfinde, sage ich es. Das ist ehrlich, erzeugt aber auch manchmal Reibungen. Denn es ist nicht immer alles harmoniesteuerpflichtig, was man über Situationen, Konstellationen, Geschehnisse oder Menschen denkt. Das dann immer frei von der Leber weg zu sagen ist vielleicht ungewöhnlich – aber ist es auch ein Fehler?

Ich meine, gnadenlose Ehrlichkeit strahlt ja auf beide Seiten aus. Wenn man sagt, was man denkt, heißt das ja nicht, dass man immer mit allen auf Konfrontation geht. Es heißt genauso, dass man immer sagt, wenn man etwas toll findet. Aber das zählte nichts auf dem rauen Parkett der Dorfjugend. Obwohl: Ich glaube kaum, dass es in den Großstädten humaner zugeht. Junge Menschen sind immer auf eine gewisse Weise unfertig und hilflos. Das führt leider oft dazu, dass sie falsche Entscheidungen treffen. Vor allem im Zusammenleben mit anderen. Man will unbedingt dazugehören. Dafür opfert man vieles. Zu viel manchmal. Wenn es ganz schlecht läuft, zum Beispiel das Wohlbefinden anderer. Entweder man gehört dazu oder man wird ausgestoßen.

Und ich kam ja bereits mit einem unsichtbaren Rucksack an. Durch das jahrelange Mobbing auf der Grundschule hatte ich für mich inzwischen ein ganz eigenes System entwickelt: Angriff ist die beste Verteidigung. Den Satz kannte ich damals noch nicht, handelte aber instinktiv genau danach. Sobald mich jemand auch nur ansatzweise schroff ansprach, fauchte ich sofort zurück. Gebranntes Kind scheut das Feuer.

Diplomatie gehörte also nicht zu meinen größten Stärken damals, das muss ich zweifelsfrei zugeben. Besser diesen einen, kurzen Konflikt gewinnen, als wieder die Schwache zu sein. Das ermöglichte immer nur sehr kurze, vergängliche Triumphe und konterkarierte den übergeordneten Wunsch, langfristig mit allen vernünftig klarzukommen.

Trotz Löwenmähne und bester Vorsätze: Die erste Woche nach den Sommerferien in der neuen Schule verlief höchstens mittelprächtig.

Klar, ich verbuchte es natürlich als Teilerfolg, dass mich jetzt nicht alle mobbten, sondern 50 Prozent mich mochten, mich sogar bevorzugt um sich herumhaben, sich beinahe mit mir schmücken wollten: die Jungs. Die anderen 50 Prozent waren aber leider ausgerechnet die Mädchen. Und Frauen, sogar (oder vielleicht vor allem) in diesem Alter, sind in der Kategorie Gemeinheiten ihren männlichen Altersgenossen um Längen voraus. Jungs sind in diesen Dingen einfacher gestrickt. Man mag sich, man mag sich nicht, Schwamm drüber. Ich habe es bei Jungs und später bei Männern viel seltener beobachtet, dass sich große Allianzen bilden gegen irgendwen. Leben und leben lassen. Man muss ja nicht dreimal im Jahr gemeinsam in den Urlaub fahren, nur um dann drei Tischreihen weiter in der Schule dauernd Pläne zu schmieden, wie man einer anderen Person schaden könnte.

LUKAS

Die erste Woche in der neuen Schulsituation ging immerhin mit einem Highlight zu Ende. Am Freitagnachmittag fand eine Schuldisco statt. Extra zum Schulanfang organisiert, damit sich die Neuen besser kennenlernen konnten. Dummerweise eine Pflichtveranstaltung der Schule. Einfach zu Hause in der Werkstatt verkriechen war darum keine Option. Also nahm ich auch daran teil, obwohl mir tausend Dinge eingefallen wären, die ich lieber gemacht hätte.

Die Turnhalle war geschmückt, es lief Musik, von der unsere Lehrer offenbar dachten, junge Leute würden sich dazu automatisch in einen Tanzrausch zappeln. Neben der improvisierten Tanzfläche sollte ein Fanta- und Bockwurststand für das leibliche Wohl der Neuschüler sorgen. Es sah aus wie das traurigste Stadtfest aller Zeiten. Schlechte Musik, Bockwurst und Fanta.

Von Green Smoothies, gesunder Ernährung oder Zuckervermeidung war man damals weiter entfernt als Schalke 04 von der Meisterschaft. Und ja, es stimmt: Meine Schulzeit liegt schon etwas zurück. Ich bin halt auch keine 16 mehr – zum Glück. In unserer aufgeklärten (und unter uns gesagt manchmal etwas überkorrekten) Welt wäre es heute völlig undenkbar, dass bei einer Schulveranstaltung Zuckerwasser und Schweinefleisch kredenzt werden. Heute bekommt man ja schon 30 empörte Nachrichten in der Whatsapp-Gruppe, wenn kein veganer Kartoffelsalat mit glutenfreien Sojafrikadellen angeboten wird. Damals wäre man vermutlich sogar schon schief angeschaut worden, wenn man nach etwas Vegetarischem gefragt hätte. Jemand, der keine Bockwurst mag? Bei uns unvorstellbar! Und Fanta, aus diesen alten, großen, grünen Glasflaschen, war sensationell. Zähneputzen muss man ja sowieso, was sollte also passieren?

Zwischen dem kulinarischen Sündenpfuhl und der Tanzfläche standen am Rand auch noch ein paar Bänke. Sonst saßen sich darauf verängstigte Schüler im Sportunterricht die Jogginghosen platt und hofften, beim Völkerball nicht als letzte gewählt zu werden. An jenem Freitagabend zur Schuldiscozeit sollten sie wohl so was wie eine VIP-Lounge suggerieren. Also setzte ich mich auf eine der unkomfortablen Sitzgelegenheiten, wo ich für meine Mitschüler fast unsichtbar, aber gleichzeitig noch präsent genug für die Lehrer war, die die Anwesenheit kontrollierten. Einen Anruf in der ersten Woche bei meinen Eltern, ich hätte die Schule geschwänzt, wollte ich nun wirklich vermeiden. Die hatten ja ohnehin keinen Schimmer, was hier wirklich mit mir geschah. Hatten sie in den Jahren zuvor ja auch nicht gehabt. Wie auch? Es war ja nicht ihr Fehler, dass andere Kinder sich so verhielten und dass ich nicht so gerne darüber sprach, was das mit mir machte.

In Gedanken war ich schon ganz weit weg. In meiner Traumwelt, wo ich die Discoschuhe längst ausgezogen und meine Tanzkarte im Altpapier entsorgt hatte. Gerade malte ich mir aus, wie es wohl wäre, wenn ich mein Baumhaus vergrößern würde. Nach dem Erfolg mit der Mauer war für mich alles möglich im Sektor Handwerk. Warum nicht ein eigenes kleines Zuhause bauen? Hoch über den Wipfeln unseres Gartens? Ich würde mir mein eigenes Baumhaus-Heim schaffen, ganz ohne Bausparvertrag. Einfach Werkzeug in die Hand und los. Dann könnte ich doch dort mit Sarah einziehen. Mit der besten Freundin zusammenwohnen. Im eigenen Wolkenkuckucksheim. Das war mein Traum. Keine peinlichen Verrenkungen zu bescheuerten „Bravo"-Hits in dieser zur Schülerdisco umdekorierten Turnhalle, in der es immer ein bisschen so roch wie in einem Gruppenschlafraum von einer Horde Jungs, die sich nach acht Stunden Fußball ungeduscht in ihre Betten geworfen hatten.

Ja, ich war elf Jahre alt. Das ist eben diese Zeit, wo man immer noch von einem Baumhaus träumt, aber andererseits schon hofft, unten unter dem Baumhaus würde vielleicht einer von diesen hübschen Jungs mit Mofa auf dich warten. Ich war mitten in dieser Traumwelt, als sich plötzlich Lukas neben mich setzte. Lukas hatte wohl höchstens ein Mofa von Playmobil, aber ein nettes Lächeln, das er mir schenkte. Freundlichkeit kann man nicht ignorieren, das dachte ich schon damals, also versuchte ich mein verbindlichstes Zurücklächeln. Hätte man das gefilmt, wären da später mit Sicherheit ein paar Millionen Klicks auf YouTube zusammengekommen. Hashtag #FlirtFail.

Weil damals aber noch nicht in jedem Handy automatisch eine hollywoodtaugliche Kamera dabei war und Handys zumindest für Elfjährige nicht zur Serienausstattung gehörten, gibt es von dem Flirt-Fiasko zum Glück keine Originalbilder. Man kann sich dieses Highlight der zwischenmenschlichen Spezialkontaktaufnahme aber in etwa so vorstellen: Ich war überrascht, fühlte mich aber gleichzeitig irgendwie geadelt. Auskosten wollte ich die Situation aber dennoch nicht. Ich wollte lieber unsichtbar sein. Mich ausgerechnet hier auf dem Präsentierteller, der Schuldisco, mit den Jungs zu zeigen und Nähe zu den Objekten der Begierde meiner Hater-Clique zu suggerieren, war wirklich überhaupt nicht mein Plan. Also hielt ich den Kopf etwas seitlich, weg vom Tanzszenario auf dem Turnhallen-Dancefloor. So konnten die Mädels aus meiner Klasse nicht sehen, dass Lukas sich zu mir gesetzt hatte.

Lukas war wirklich nett und interessiert. Er fragte mich, ob ich eine Fanta wollte. Ein kleines Dilemma, denn eigentlich war ich kein großer Fan von Fanta. Zu süß. Aber andererseits war da gerade jemand, der sich so nett mir gegenüber zeigte, wie ich es in der Schule die letzten Jahre nie erlebt hatte. Lukas war hier, wollte mir etwas mitbringen, sich mit mir unterhalten – und das mitten in der Schule. Natürlich sagte ich Ja. Was für eine Frage. Ich hätte auch Ja gesagt, wenn er gefragt hätte, ob ich kurz mit ihm rausgehen und gemütlich mit ihm aus der gleichen Pfütze vor der Turnhalle trinken möchte.

Zum Glück mochte Lukas Fanta lieber als Brackwasser. Er flanierte also rüber zum Getränkestand und bestellte zwei Fanta. Ich schaute mich derweil zaghaft und möglichst unauffällig um. Ich wollte wissen, ob die Mädels mich auch nicht beobachten. Tausend Gedanken sprudelten in meinem Kopf hin und her, aus allen Richtungen. Die Wunden, die ich von den teilweise sehr schmerzhaften Erlebnissen meiner bisherigen Schulzeit davongetragen hatte, waren noch frisch. Man konnte der Schule nicht entkommen. Schulpflicht. Ein blödes Wort, wenn man überall auf der Welt lieber war als in der Schule. Konnte es nicht eine Baumhauspflicht geben? Oder wenigstens eine Blaumannpflicht?

Lauter schlechte Erinnerungen stürmten wie ein Orkan der Angst durch meinen Kopf. Standen die anderen Mädchen vielleicht feixend irgendwo in der Ecke und freuten sich schon darauf, mich in ein paar Minuten auszulachen?

Ich meine, diese ganze Lukas-Charmeoffensive kam ja irgendwie aus dem Nichts ... Konnte ich ausschließen, dass die sich alle abgesprochen hatten? Mir eine peinliche Falle stellen wollten, wie in schlechten Highschool-Filmen? Wo der Supersportler der Schule sich plötzlich für das hässliche Entlein interessiert, aber alles ist nur Show, damit sie sich geschmeichelt fühlt, darauf eingeht und im Anschluss vor allen gedemütigt wird? Konnte ich sicher sein, dass Lukas mir nicht einen Streich spielen und zum Beispiel einen Regenwurm ins Glas packen wollte? Oder mir die Fanta über die Haare kippen würde? Ich hatte schon so viel erlebt, das konnte ich nicht einfach abstreifen und plötzlich felsenfest an das Gute glauben.

Aber dann stand Lukas auch schon wieder vor mir. Er war wirklich wiedergekommen, und er hatte tatsächlich zwei Fanta in der Hand. Mit einem Lächeln und einem durchweg freundlichen „Hier, bitte schön!" streckte er mir seine linke Hand mit dem Glas Fanta entgegen, das er für mich geholt hatte. Er war also wieder hier, ein Regenwurm war auch nicht erkennbar, die Fanta war orange wie immer in beiden Gläsern. Also sagte ich instinktiv „Danke schön!" und nahm dabei ein Glas aus seiner Hand – allerdings aus seiner rechten Hand. Ich war nie ein großer Fan von Agentenfilmen gewesen und hatte mir das nicht bei James Bond abgeschaut. Es war einfach Teil meines Schutzmechanismus, den ich mir zusammen mit meinem Panzer aus gelegentlicher Schroffheit und latentem Misstrauen inzwischen angeeignet hatte. Zu all diesen sich automatisch abspielenden Verteidigungsritualen gehörte auch, sich immer das Glas zu nehmen, das die anbietende Person eigentlich für sich selbst nehmen wollte. Wenn hier heute jemand vergiftet werden würde, dann jedenfalls nicht ich. Das klingt in der Retrospektive vielleicht etwas paranoid, aber Kinder können sehr, sehr hinterhältig sein.

Lukas war natürlich etwas verdutzt, aber reagierte ansonsten unauffällig. Klaglos ließ er sich die ursprünglich nicht für mich gedachte Fanta aus der Hand nehmen und sagte fröhlich: „Prost, Sandra!"

Ein weiteres dickes Plus auf der in den letzten Jahren nicht gerade mit Erfolgsmeldungen überschütteten Pro- und Kontra-Liste meiner Schulerlebnisse: Lukas, ein wirklich hübscher Junge, kannte meinen Namen. „Prost, Sandra!", hatte er gesagt.

Es war also keine Verwechslung. Und es war auch ziemlich sicher, dass ihn niemand dafür bezahlt hatte. Es war einfach ein niedlicher Junge, der neben all den Mädchen, die hier mit ihren Fantas und ihren Röckchen und ihren Zöpfchen aufgeregt und selbstbewusst durch die Turnhalle schwebten, ausgerechnet mich ausgewählt hatte, die unscheinbar auf einer Bank am Rand gekauert hatte, in der Hoffnung, das ganze Tanztheater würde schnell und ohne Notwendigkeit für eine Flucht auf die Schultoilette vorübergehen. Bis heute weiß ich noch, wie dieses „Prost, Sandra!" aus seinem Mund klang. Für ihn war es wahrscheinlich nur ein kleiner Satz. Eine ganz natürliche Formulierung. Was man eben sagt, wenn mehr als eine Person gleichzeitig ein Getränk in der Hand haben. Für mich war es viel mehr. Es war ein Meilenstein. Eine Wand der Isolation, die eingerissen wurde. Es war das Ende meiner Einsamkeit.

So saßen wir dann zusammen auf dieser Bank, schlürften unsere Fantas und sprachen über unsere Hobbys. Er interessierte sich wirklich dafür. Ich erzählte ihm davon, wie gerne ich werkelte und mich mit Werkzeug wohler fühlte als mit Ballettschuhen. Er verriet mir – wenig überraschend für einen Jungen in dem Alter –, wie gerne er Fußball spielte. Fußball war nie meins, bis heute nicht. Ich kannte ein paar Namen, aber auch heute könnte ich nicht sagen, ob Messi oder Ronaldo besser ist. Hier in Westfalen hält man zu Borussia Dortmund oder Schalke 04, oder wenn man es sehr regional mag, zum SC Paderborn. Der SC Paderborn war von Real Madrid so weit entfernt wie Nordkorea von einer Demokratie, aber viel mehr weiß ich wirklich nicht.

Das war aber egal, denn es ging mir um Lukas, und ich mochte seine Energie. Seine Begeisterung für den Fußball. Wie seine Augen strahlten, wenn er von seinem Sport sprach. Also zeigte ich taktisch motivierte Begeisterung. Für Lukas war ich offenbar ein Volltreffer, denn zwischen Fanta,

Fußball und Foxtrott fragte er mich nach einigen weiteren Minuten plötzlich unvermittelt: „Willst du mit mir gehen?"

Leider schaltete ich in dem Moment etwas schwerfällig. Zum einen war ich nicht sehr routiniert im Small Talk mit Jungs, zum anderen hatte ich keine Erfahrung auf dem Sektor Pärchenbildung bei Fünftklässlern.

Entsprechend empört, besorgt und warnend antwortete ich daher: „Mit dir gehen? Wir dürfen doch die Turnhalle nicht verlassen!"

Der Nachmittag hatte so gut angefangen, und jetzt wollte mich dieser süße Junge zum zivilen Ungehorsam überreden? Rebellion ist ja von Zeit zu Zeit etwas Gutes, aber mit unseren Fantas und unseren Gesprächsthemen sah es ja gerade eigentlich nicht so aus, als müssten wir unbedingt vor der grauenvollen Realität fliehen.

Dass ein „mit mir gehen" zwischen einem Jungen und einem Mädchen nicht als Aufforderung zum spontanen Spazierengehen gemeint war, das war mir damals noch nicht so geläufig. Was soll ich sagen, ich war eben elf Jahre alt, und immer, wenn ich bis dahin mit jemandem „gegangen" war, hatte es sich um das Zurücklegen einer physischen Wegstrecke von A nach B gehandelt. Dass es sich um etwas anderes als gemeinsame Entfernungsüberwindung handeln könnte, kam mir nicht in den Sinn.

Aber Lukas blieb der charmante Lichtblick, der aus dem Tanzparadies der Turnhalle zu mir auf die Reservebank herabgestiegen war und mich aus meinem selbst gebauten Nest der Unsichtbarkeit befreien wollte.

„Nein", lächelte er. „Ich meine, mit mir zusammen sein, so als Freundin!"

Und dann war Stille. Nicht diese Stille, wenn mal für drei Sekunden zwischen zwei Liedern die Musik leiser wird. Sondern diese elementare Stille. Diese Stille, in der man eine Haarspange fallen hören kann, die einem anderen Mädchen auf den Boden fällt, das drei Kilometer weiter gerade irgendwo vom Fahrrad steigt. Lukas wartete auf meine Antwort. Ich wartete darauf, dass bei dem Film in meinem Kopf irgendwann endlich der Abspann begann. Ich habe mal gelesen, wenn man stirbt, dann zieht das ganze Leben noch mal in Bildern an einem vorbei. In solchen Momenten ist es genauso, nur zeigen die Bilder nicht das, was schon hinter dir liegt, sondern das, was noch kommen könnte. Während Lukas also sein Herz in die Hand und seine Karten auf den Tisch gelegt hatte und auf meine Antwort wartete, rang ich um Luft.

Träumte ich gerade? Passierte das alles wirklich? Hatte mich dieser nette Junge da gerade wirklich gefragt, ob ich mit ihm zusammen sein wollte? Ausgerechnet ich? Sofort geisterten Bilder durch meinen Kopf, als wäre ich Regisseurin einer Hollywood-Romanze. Ich sah uns zusammen Fahrrad fahren, zusammen ins Kino gehen, zusammen zur Schule schlendern, zusammen Eis schlürfen, zusammen auf einer Wiese liegen und auf den Sonnenuntergang warten. Ja, herrje, ich sah mich sogar bei einem seiner Fußballspiele zugucken und bescheuerte Fangesänge wie „Lukas vor, noch ein Tor!" grölen. Ich sah eine faszinierende Zukunft, aber vor allem sah ich etwas, das ich zuvor nie gesehen hatte. Jedenfalls nicht im Kontext mit meiner Schule: Ich sah eine echte Freundschaft.

„Ja!" So polterte es wohl etwas zu laut und etwas zu enthusiastisch aus mir heraus. Es war ja kein Pfarrer anwesend und das Ja basierte nicht auf einem vorher ausgearbeiteten Ehevertrag, sondern nur auf ein paar Schlucken Fanta und einem netten Gespräch. Aber für mich war es weltbewegend.

Hatte sich das Blatt wirklich gewendet, an diesem Freitagnachmittag in der Schuldisco? War die Turnhalle meiner neuen Schule die Keimzelle für eine neue Sandra? Eine mit coolem Freund und weniger Angst vor einsamen Pausenstunden in der Mädchentoilette?

„O. k.! Schön!“, quittierte Lukas meine verbale Unterschrift unter seinem „Miteinander gehen-Vertragsentwurf. Er lächelte, ich lächelte. Der Tag war grandios, denn er und ich, wir waren jetzt ein Team.

Nach der Schuldisco ging ich zusammen mit Lukas zum Bus. Ich mit ihm, er mit mir. Ich bildete mir ein, wir wirkten unzertrennlich. Wir kannten uns zwar erst seit einer Fanta, aber wir waren ja auch erst elf Jahre alt. Wir saßen im Bus nebeneinander, in der vorletzten Reihe. Es war ein überraschendes Upgrade: Das Mädchen aus der ersten Reihe im Bus war gerade in der Rangordnung aufgestiegen. Von der Holzklasse der einsamen Verlierer in die First Class der Beliebtheitselite. Das Mädchen, das den Schulbus lange mehr gehasst hatte als Hausaufgaben, als Aufräumen und Zahnschmerzen zusammen, war jetzt mit dem coolen Lukas zusammen – und der saß mit ihr zusammen natürlich hinten im Bus, im Bereich für die Gewinnerkinder, bei seinen coolen Freunden.

Die anderen Mädchen aus meiner Klasse waren keine großen Fans dieser neuen Entwicklung, klar. Sie fanden es nicht gut, aber sie akzeptierten es. Es formierten sich keine neuen Intrigen-Cliquen. Lukas wirkte wie ein Schutzschild. Keines der Mädchen wollte es sich mit den coolen Jungs verscherzen. Also duldete man mich und meine neue Position.

Zu Hause angekommen, legte ich mir schon mal Kleidung für den nächsten Tag raus und traute mich sogar, endlich mein Freundschaftsbuch aus der Folie zu schälen. Ich hatte es vor zwei Jahren zum Geburtstag bekommen, aber noch keinen Anlass gesehen, es auszupacken. Denn was will man mit einem Freundschaftsbuch ohne Freunde, außer für noch mehr Gelächter sorgen?

Am nächsten Morgen wartete ich vor seiner Haustür auf Lukas und rief ihm ein überschwängliches „Guten Morgen, lieber Lukas!“ entgegen. Er lächelte, und wir machten uns gemeinsam auf den Weg zum Bus. Alles fühlte sich offiziell und toll an. Zusammen mit Lukas in die Schule, das war noch besser, als zusammen mit ihm nach Hause zu fahren. Mit ihm an meiner Seite den Ort zu betreten, der mir so viele Jahre Bauchschmerzen gemacht hatte, das war ein bisschen wie im Märchen.

Und dieses Gefühl blieb. Die nächsten 14 Tage lang machten wir alles gemeinsam. Ich begleitete ihn zum Fußball, und ich verbrachte meine Pausen auf dem Schulhof mit ihm. Mein Leben schien perfekt. Mit der Betonung auf „schien“, denn wenig im Leben hält für immer. Vor allem Beziehungen, wenn man elf Jahre alt ist. Man weiß noch nicht, was eine echte Beziehung ist. Dass Liebe nicht heißt, gemeinsam Bus zu fahren. Folglich ist für eine Elfjährige das Miteinander-Gehen genauso werthaltig wie ein „Ich liebe dich“ mit 30. Das ist idiotisch, ja klar, aber es ist nun mal so.

SANDRA GEGEN DEN REST DER WELT

Also kam es, wie es kommen musste: Die Welle des Glücks hielt nur zwei Wochen. Denn als ich auch in Woche drei wieder morgens vor der Tür von Lukas stand, wirkte er irgendwie bedrückt. Er teilte mir mit ernster Stimme mit, dass ihm das alles zu eng wäre. Er hätte auch noch andere Freunde und wolle nicht nur mit mir Zeit verbringen. Auch das wirkt mit dem Abstand von knapp 20 Jahren auf beinahe amüsante Art niedlich. Der Elfjährige, der sich von einer anderen Elfjährigen eingeengt fühlt, weil sie im Bus immer nebeneinandersitzen.

Damals brach in mir eine Welt zusammen. Wenn ich die Situation heute reflektiere, muss ich sagen, er hatte natürlich recht. Für mich war damals alles so schön. Ich wollte diese neue Chance nicht nur beim Schopfe packen, sondern auch nie mehr entwischen lassen. Das hatte unweigerlich dazu geführt, dass ich Lukas wortwörtlich belagerte. Ich hatte so viel Zeit wie möglich mit ihm verbracht und einen Lebensalltag konstruiert, der uns so viel Zeit wie möglich gemeinsam bescheren sollte. Das war gut gemeint und ehrlich, es war aber auch das berühmte Quäntchen zu viel des Guten. Ich war über das Ziel hinausgeschossen.

Das mag man belächeln, aber er war ja auch alles, was ich hatte. Er war mein einziger Freund, der Junge, mit dem ich mich nicht mehr verstecken musste. Mein Retter. Der edle Ritter, der mich vor dem Kloschicksal in den Pausenphasen bewahrte. Meine Eintrittskarte in eine bessere Welt.

Für mich war sein Rückzug daher ein Schock. Ich hätte auf der Stelle losheulen können, aber bewahrte die Fassung. Im Bus hüpfte ich schnell in die erste Reihe, direkt hinter den Busfahrer, und zog meinen Hoodie ins Gesicht, schottete mich wieder ab. Was cool und abgeklärt wirken sollte, war natürlich mein Schutzwall-Reflex, der nun wieder automatisiert ablief. Doch hinter der Barriere meiner Hoodiekapuze kullerten im Bus schnell die ersten Tränen, aber das wollte ich niemandem zeigen.

Nach zwei Wochen in Hollywood war ich zurück in der Sandra-Realität der letzten Jahre. Es war, als wären die zwei Wochen mit Lukas nie passiert. Die Pausen verbrachte ich wieder auf dem Klo, und auch sonst versuchte ich, mich einfach wieder so gut es ging unsichtbar zu machen.

Das blieb auch einem meiner Lehrer nicht verborgen. Er bemerkte, dass mit mir etwas nicht in Ordnung war, und lud meine Mutter zum Gespräch in die Schule ein.

Als meine Mutter also gemeinsam mit mir bei meinem Lehrer vorstellig wurde, war sie gespannt, aber auch besorgt, was diesen Exklusivbesuch wohl notwendig machte.

„Ihre Tochter ist immer so ruhig und knüpft keine richtigen Freundschaften" war dann der erste Satz, den sie hörte.

Ich bekam ihn nicht so richtig mit, denn seit der Trennung von Lukas vegetierte ich am Wahrnehmungslimit vor mich hin. Ich taumelte in einer Zwischenwelt umher. Musste natürlich meine wichtigsten Körperfunktionen halbwegs funktionstüchtig halten und versuchte gleichzeitig, nicht 24 Stunden am Tag darüber nachzugrübeln, ob mein Leben jetzt für immer dunkel bleiben würde. Liebeskummer ist etwas Existenzielles, auch nach nur zwei Wochen Händchenhalten. Jedenfalls, wenn man elf Jahre alt ist.

Dem Lehrer war das auch aufgefallen, aber er wollte das nicht einfach so hinnehmen. Er kam mit einer untypischen Idee auf uns zu: Statt meiner Mutter von oben herab zu erklären, was man jetzt alles mit mir machen sollte und was sie in der Schule alles von mir erwarteten, sagte er: „Ich habe ein Pferd in Ihrem Wohnort in Oesterholz beim Reitverein stehen, willst du da nicht mal vorbeischauen, Sandra?"

An diesem Nachmittag war mir alles egal. Eigentlich hatte ich auch gar keine Lust auf irgendwas, schon gar nicht auf etwas, bei dem ein Lehrer involviert war. Aber eines hatte ich schon gelernt. Dass Tiere Menschen etwas voraushatten: Sie blieben dir treu. Sie schmiedeten keine gemeinen Pläne, um dir zu schaden, oder lästerten nicht hinter deinem Rücken mit anderen Tieren. Sie nahmen dich so, wie du bist. Wahrscheinlich habe ich deshalb eingewilligt. Und auch bei meiner Mutter fand die Idee Anklang.

Gesagt, getan. Bereits am nächsten Nachmittag fand ich mich auf dem Weg in den Reitstall. Meine Mutter fuhr mich, mein Lehrer war schon vor Ort und erwartete uns. Und dann ging alles ganz schnell. Mein Lehrer stellte mir Maike vor, die Reitlehrerin, die mir alles zeigen würde.

Und dann sagte er: „Und das hier ist Leandro, mein Pferd, er freut sich schon auf dich!"

Ich schaute ihn an und er mich. Mir fielen gleich seine großen, treuen Augen auf. Auf gewisse Weise war es Liebe auf den ersten Blick. Ein so großes und edles Lebewesen, das uns alle hätte platt machen können und uns dennoch mit liebevollem Respekt behandelte. Die Reitlehrerin Maike war sehr nett und brachte mir in den nächsten Wochen alles über Pferde bei, was man wissen musste. Ich bin ihr noch heute unendlich dankbar dafür.

Nach der Lukas-Apokalypse hatte mein Tag endlich wieder eine Struktur und einen Sinn. Morgens schnell die Schulbank gedrückt, verbrachte ich ab jetzt die Nachmittage immer im Stall, bevor ich abends mit meinem Bruder in der Werkstatt herumbastelte, sobald mein Vater von der Baustelle zurück war. Ich hatte eine neue Leidenschaft, eine zweite: Pferde. Die Lukas-Melancholie, die sich wie ein Schatten über mein Gemüt gelegt hatte, verflog. Mir blieb gar keine Zeit mehr für trübe Gedanken. Ich hatte so viele Aufgaben. So viele Interessen.

Ich lernte das Pferde-ABC von der Pike auf. Ich war mir für nichts zu schade. Ich mistete die Box aus, striegelte ihn, führte ihn auf die Wiese zum Grasen und ritt auf ihm durch die Wälder. Die Macher des Films „Ostwind" müssen mich damals beobachtet haben. Meine Nachmittage waren genauso kitschig wie in ihrem Film.

Ich entwickelte auch eine neue Form der Kommunikation. Ich sprach mit meinem Pferd wie mit einer besten Freundin. Er war mein Tagebuch, mein Beichtvater, mein Gefährte und mein Kummerkasten. Auch die Pferde-Mädels am Stall winkten immer freundlich. Ich wollte auch freundlich sein und winkte artig zurück – aber ich war nicht ihretwegen hier, darum ging es dann auch immer schnell direkt zum Pferd. Gespräche mit ihnen vermied ich absichtlich. Wenn ich sie auf Distanz halte, dachte ich mir, können sie mir auch nicht gefährlich werden. Die Schutzmauern um mich herum hatte ich nicht abgebaut. Ich hatte sie nur sehr lange nicht mehr renovieren müssen, weil jemand versucht hatte, sie einzureißen. Und das sollte so bleiben.

So wurde der Stall zu meinem zweiten Ruhepol der Sicherheit neben meinem Zuhause. Jeden Nachmittag, wenn ich zum Stall radelte, um die letzte Ecke bog und in den Hof fuhr, wieherte Leonardo schon. Er wartete auf mich, er freute sich. So ging es Woche für Woche und Monat für Monat. Meinen kompletten Winter verbrachte ich am Stall, zu Weihnachten bekam ich eine Arbeitshose und eine Reithose geschenkt. Ich baute mit meinem Vater eine Raufe, und mein älterer Bruder, der gerade den Traktorführerschein bestanden hatte, fuhr sie für mich zum Stall rüber direkt auf die Wiese. Ich bestückte die Raufe jeden Nachmittag mit Heu und chillte dort mit meinem Buddy Leonardo. Manchmal kam auch Sarah vorbei, und wir genossen gemeinsam die Geborgenheit und Ruhe der Natur, das angenehme Gemüt von Leonardo und die entspannte Atmosphäre am Stall.

Ich wollte gar nicht mehr wissen, wo meine Klassenkameraden waren. Es war mir egal. Ich hatte meine Welt gefunden.

So verging die Zeit, und ich konnte mich mehr und mehr von der alten, verängstigten Sandra emanzipieren. Die Monate kamen und gingen, und in der Schule lief es halbwegs rund. Ich hangelte mich von Jahr zu Jahr und versuchte weiterhin, möglichst unsichtbar zu sein, ohne mich von anderen schikanieren zu lassen.

Als der Frühling vor meinem 14. Geburtstag kam, malte ich mir bereits aus, wie ich ihn am Stall feiern wollte. Doch es kam alles anders als gedacht. Es war Anfang Mai, als ich wie immer freudestrahlend in den Hof zum Stall radelte und auf das Wiehern von Leonardo wartete. Aber heute hörte ich kein Wiehern. Das war ungewöhnlich. Leonardo und ich, wir waren ein Team. Nicht so wie Modern Talking, ein Team für die Öffentlichkeit, aber intern die größten Feinde. Nein, wir waren ein richtiges Team. Er war mein Vertrauter, und ich weiß, auch ich war für ihn zu einer wichtigen Figur in seinem Leben geworden. Kurz bekam ich Panik, ihm könnte etwas zugestoßen sein. Also fuhr ich zitternd zu seiner Stallbox – aber Leonardo stand nicht darin. Sie war leer. Wie ein Zimmer, in dem jahrelang dein bester Freund gewohnt hatte und das eines Morgens besenrein und leer zurückgelassen wird. Vom besten Freund keine Spur, keine Nachricht. Einfach in Luft aufgelöst, verschollen wie das Haupthaar von Friedrich Merz.

Sofort rannte ich aufgeregt zu Maike.

„Wo ist Leonardo? Ist etwas passiert?", rief ich schon von Weitem.

Maike reagierte verwundert: „Hat dein Lehrer dir nichts gesagt?" Fast entsetzt darüber, dass ich nichts davon wusste, erklärte sie mir: „Er hat das Pferd heute Morgen vom Reitstall geholt und auf eine Wiese viele Kilometer von hier entfernt gestellt. So spart er sich die Boxenmiete."

Eine absolute Horrornachricht für mich. Mein Leben zerbarst in 100.000 kleine Stücke. Sofort begann ich, bitterlich zu weinen. Ich spürte so viele Emotionen in mir, dass ich hätte platzen können. Enttäuschung, Trauer, Wut. Ich sprang auf mein Fahrrad und fuhr nach Hause. Maike rief mir noch irgendwas hinterher, aber das hörte ich schon nicht mehr. Vom Weg nach Hause erinnere ich mich nur an meine Tränen. Sie verteilten sich auf meiner Jacke, meiner Hose und tropften auf meinen Fahrradlenker.

„Das Leben ist ungerecht!“, schrie ich immer wieder, und fuhr, ohne nach links und rechts zu schauen, auf direktem Weg nach Hause.

Jetzt musste mein Leben ohne Leonardo beginnen. Ich verschwand nachmittags wieder im Garten, mein Fahrrad blieb in der Garage. Auch meine Reithose hatte ich tief unten in meinem Schrank verbuddelt. Wenigstens war es Frühsommer. Es begann, wärmer zu werden, und das war auch immer die Zeit, in der mein Vater sich Projekte überlegte, um unser Zuhause für den Sommer noch schöner zu machen.

Dieses Jahr wollte er einen Teich bei uns im Garten anlegen. Ein Vorhaben, das mich faszinierte. Die Wanne wurde aus Beton gegossen, und ich hatte meinen Platz am Betonmischer. Wie der Kapitän der Baustoffe überwachte ich das Anmischen mit höchster Sorgfalt. Das lenke mich etwas ab.

Wenig später erfuhr ich, dass ich mich um Lümmel, das Pferd von Reitlehrerin Maike kümmern durfte! Wäre sie nicht gewesen, hätte der Reitsport bei mir ein schnelles Ende genommen. Ich witterte wieder das Gute im Menschen. Und ich war bereit, mich darauf einzulassen. Wenn man nicht wieder aufsteht, kann man nicht ans Ziel kommen, sagte ich mir. Und so war ich bald wieder an meinem geliebten Stall.

Aber ich lernte auch meine Lektionen. Ich wollte lieber unabhängig und selbst für mein Glück verantwortlich sein. Das schwor ich mir. Darum begann ich, auf ein eigenes Pferd zu sparen. Ich wollte mir die Sicherheit ermöglichen, dass mir nie wieder jemand einen wichtigen Part in meinem Leben einfach wegnehmen konnte.

Und wenn ich etwas unbedingt erreichen wollte, war ich schon immer hartnäckig gewesen, zielorientiert und fleißig. Ich nahm meinen Plan ernst. Ich war mir für keinen

Job zu fein. Ich verteilte die Prospekte von unserem Dorf-Supermarkt, mistete bei Pferden anderer Halter aus und half meinem Vater, wann immer ich Zeit hatte. Das Geld, das ich damit verdiente, sparte ich für den großen Traum: mein eigenes Pferd.

In mir war ein Impuls ausgelöst worden, den ich später in meinem Leben immer wieder bemerkte und der mich zu vielen Erfolgserlebnissen gepusht hat. Mein Ehrgeiz war geweckt worden. Sandra gegen den Rest der Welt. Aus Enttäuschung kann auch Kraft erwachsen. Vielleicht ist die Motivation, alles geben zu wollen, um einen schlimmen Moment nicht ein zweites Mal durchleben zu müssen, sogar noch viel, viel stärker als die Motivation, einen tollen Erfolg immer und immer wieder aufs Neue zu erleben. Bei mir jedenfalls war das so. Und ist das bis heute so.

FRÜH ÜBT SICH

Vielleicht ist es nicht der beste Weg, schon als Kind in die Arbeitswelt einzusteigen, und mit Sicherheit auch nicht der wirtschaftlich attraktivste, aber ich war sofort sehr eifrig. Samstags fuhr ich oft mit meinem Vater zu Kunden, reichte ihm dort die Fliesen an, die er benötigte, rührte den Fliesenkleber an und bekam dafür oft Trinkgeld vom Kunden. Auch mein Vater gab mir immer etwas.

„Wer arbeitet, hat auch Geld, Sandra!“, sagte er dann immer.

Seine Anerkennung musste ich mir verdienen, hatte ich immer das Gefühl. Mein Vater sprach nicht viel. Heute weiß ich, wir Handwerker sprechen einfach meist nicht viel, wir arbeiteten lieber. Nicht quatschen, sondern schaffen. Vom Reden ist noch kein Bad neu verfliest worden. So war auch mein Vater. Die Arbeit stand im Mittelpunkt. Er schuftete sechs Tage die Woche bei Kunden und sonntags dann in der Werkstatt. Da hieß es, den Montag und die Woche vorbereiten, den Bulli packen, die Tage planen.

Ich musste erst lernen, erst durchschauen, dass sein Verhalten nicht bedeutete, dass er seine Arbeit mehr liebte als uns, seine Familie. Sondern dass das Gegenteil der Fall war. Durch seine harte Arbeit hatten wir ein schönes Haus, ein Auto, und es reichte auch noch, um gelegentlich ans Meer zu fahren. Er arbeitete mehr und legte seltener im Wohnzimmer die Füße hoch als andere, weil er uns das ermöglichen wollte, weil es sein Ziel war, seine Familie so glücklich wie möglich zu machen. Dazu musste man kein Millionär sein, aber ganz ohne Geld war es auch schwer.

GELD MACHT NICHT GLÜCKLICH

Geld macht weder glücklich noch bessere Menschen. Aber es bedeutet, sich keine Sorgen über Miete, Versicherungen oder die Zukunft seines Kindes zu machen.

Eines ist sicher: Irgendwo gibt es immer jemanden, der mehr hat als du. Aber es ist unsinnig, deswegen traurig zu werden oder die Motivation zu verlieren. Ob du Erfolg haben wirst oder nicht, kann niemand beeinflussen, der mit mehr Geld geboren wird als du. Wenn du deinen Weg gehst, wenn du fleißig bist und zielstrebig, dann wirst du es schaffen. Dann wirst du es „zu etwas bringen", wie es oft heißt.

Ich weiß noch, wie ich als Kind oft meine Mutter begleitete, die nebenher putzen ging. Die Villen wohlhabender Familien waren für mich eine fremde, faszinierende Welt.

Ich sagte dann immer zu meiner Mama: „Wenn ich groß bin, baue ich auch eine Villa. Eine Baumädchenvilla."

Meine Mutter lächelte und sagte, bis dahin sei ja noch viel Zeit.

Wenn ich meinem Vater in der Werkstatt half, beobachtete er immer ganz genau und konzentriert, wie ich arbeitete. Er analysierte meine Arbeit und zeigte mir immer ganz präzise, wie man es besser machen könne. Abends rauchte er dann eine Pfeife, und wir sprachen noch mal über die Arbeit, über die Baustelle, auf der wir am Tag gewesen waren. Wir waren wie Kollegen. Wie Meister und Azubi. Ich hing an seinen Lippen und speicherte alles, was er sagte.

Noch heute, wenn wir abends alle zusammen am Tisch sitzen, fragt er mich und meinem Bruder, wie es bei der Arbeit läuft. Vielleicht vermisst er sein kleines Mädchen ein bisschen, das ihm die Fliesen rüberreicht – aber er ist nach wie vor am meisten daran interessiert, dass wir vernünftig arbeiten und Spaß daran haben. Klar, inzwischen haben seine Kinder ebenfalls Familien und Kinder. Er ist Großvater. Er möchte für seine Enkel das, was er auch für seine Kinder wollte: ein möglichst schönes Leben. Also müssen die Eltern ordentlich knechten. In dem Fall mein Bruder und ich.

Solche Gespräche finden zum Glück noch recht häufig statt. Ich wohne mit meinem Mann und unserem Kind ja direkt neben meinen Eltern, und wir schaffen es meistens, zweimal die Woche alle zusammen zu Abend zu essen. Und so ein kleines Enkelkind sorgt ja nun auch nicht gerade dafür, dass man seine Eltern weniger sieht.

Da fragt er dann: „Na, Sandra, wie war es auf der Baustelle, hat alles geklappt?“

Inzwischen bin ich nicht mehr nur Handwerkerin, sondern auch Model, Creatorin und Autorin. Meine Baustellen liegen nicht mehr nur in Badezimmern, sondern auch auf Catwalks oder an meinem Laptop. Und wenn ich gerade nicht von einer Badrenovierung im Nachbarort, sondern von einem Modeljob aus Hongkong zurückkomme, fragt mein Vater halt nicht, wie es war. Das ist nicht seine Welt.

Er fragt dann einfach: „Morgen aber wieder auf die Baustelle, oder?“

Er kann sich unter vielem, was ich mittlerweile beruflich mache, nicht so viel vorstellen. Er ist ohne Internet aufgewachsen, mit nur zwei Fernsehprogrammen, und Models gab es für ihn höchstens im Versandhauskatalog.

Ob meine Liebe zum Handwerk genetisch veranlagt ist, weiß ich nicht. Aber mein Bruder und mein Vater sind bis heute stolzer auf eine gelungene Renovierung von mir als auf ein Magazin-Cover.

Aber er hat immer gespürt, wenn es mir nicht gut ging – und dann hat er alles getan, um mir zu helfen. Auch wenn er vielleicht ahnungslos war, was meine Situation ausgelöst hatte, hatte er dieses Gespür dafür, was im jeweiligen Moment wichtig und richtig ist. Ich wurde zwar nicht mit teuren Geschenken überhäuft, weil wir nicht übermäßig viel Geld hatten, aber mein Vater gab uns nie das Gefühl, unsere Wünsche würden unerfüllt bleiben.

Zum Beispiel gab es da diese Phase, da wollte ich unbedingt eine bestimmte Puppe haben. Die gab es bei uns im Supermarkt, und wirklich jedes Mädchen auf der Schule hatte sie. Nur ich nicht. 100 Euro für eine Puppe ist viel Geld, das sehe ich noch heute so, aber damals war es für mich einfach nur schwierig, zu akzeptieren, dass ich die Einzige ohne diese Puppe war.

„Die ist zu teuer“, sagte meine Mutter.

Das verstand ich, und deshalb fragte ich nicht mehr nach. Glücklich darüber war ich aber nicht. Anderen war es doch auch nicht zu teuer erschienen. Als ich dann an diesem einen Tag mit meinem Vater einkaufen war, weil meine Mutter wieder einmal im Krankenhaus sein musste und somit er den Einkauf erledigen, spielte ich kurz mit der Puppe. Immer, wenn ich im Supermarkt war, nutzte ich die Gelegenheit, wenigstens ein paar Momente mit diesem Sehnsuchtsobjekt zu verbringen. Mein Vater sah das aus den Augenwinkeln und kaufte sie mir.

„Dafür hilfst du aber wieder am Wochenende in der Werkstatt“, sagte er lächelnd.

Er verlangte das nicht wirklich, es war kein Befehl. Keine vertragliche Bedingung. Außerdem wusste er, dass ich aus Freude an der Arbeit am Wochenende sowieso in der Werkstatt sein würde, so wie immer. Aber es war seine Art, mir zu erklären, dass wir in einer Leistungsgesellschaft leben. Puppen bekommt man nicht geschenkt, Puppen muss man bezahlen. So wie das Brot, den Käse, das Auto und meine Schulbücher. Das Leben ist teuer. Wenn man es genießen möchte, muss man etwas dafür tun.

Meine Mutter sah natürlich sofort die Puppe, als wir im Krankenhaus ankamen. Nicht unbedingt ein gesundheitsfördernder Moment für sie.

„Die ist doch viel zu teuer, Winfried!“, sagte sie leicht vorwurfsvoll.

Mein Vater erklärte, er habe den Preis nicht richtig gesehen und gedacht, sie koste zehn Euro. Und dass er sie an der Kasse dann nicht wieder habe zurückgeben wollen. So hatte er zwei Fliegen mit einer Klatsche geschlagen: den Familiensegen gerettet und zwei Menschen glücklich gemacht. Meine Mutter fühlte sich in ihrer Autorität nicht untergraben und war beruhigt – und ich war benebelt vor Glück, dass ich endlich diese Puppe hatte. Bis heute erzählt meine Mutter noch manchmal diese Geschichte. Ich nicke dann immer artig, und mein Papa schmunzelt etwas. Ja, 100 Euro für diese Puppe, wer hätte das ahnen können?

Womit wir aber gleichzeitig auch bei einem weniger schönen Thema wären. In jenem Sommer verbrachte meine Mutter sehr viel Zeit im Krankenhaus. Sie leidet an COPD. Das ist eine Lungenkrankheit, die fast ausschließlich Raucher bekommen. Meine Mutter hat aber nie geraucht. Keine einzige Zigarette. Doch sie hat als junge Frau als Näherin in einer Fabrik gearbeitet, und da war sie den ganzen Tag über den Dämpfen vom Einfärben ausgesetzt. Wir nehmen an, dass ihre Krankheit daher rührt. Mit Sicherheit nachweisen kann man das natürlich nicht mehr, aber es liegt sehr nahe. Klar ist, solche gesundheitsgefährdenden Arbeitsbedingungen gibt es hier in Deutschland schon lange nicht mehr. Das ist ja auch kein Zufall. Die Zeiten haben sich glücklicherweise geändert.

FRAUEN IM HANDWERK: DAMALS

Meine Großmutter brauchte noch die Unterschrift ihres Mannes, um überhaupt arbeiten zu dürfen. Meine Mutter durfte noch nicht auf der Baustelle arbeiten.

Und erst seit 1994 dürfen Frauen laut Gesetz in ganz Deutschland auf einer Baustelle arbeiten.

Frauen in Handwerksberufen haben andererseits eine lange Tradition, auch wenn sie historisch oft unsichtbar gemacht wurden. In früheren Jahrhunderten arbeiteten sie meist im Hintergrund: als Gehilfinnen ihrer Ehemänner in den Werkstätten. Oder als Näherinnen, Weberinnen und Töpferinnen in häuslichen Betrieben. Die Mitgliedschaft in Zünften – also die formale Anerkennung ihrer Arbeit – war Frauen meist verwehrt.

Bis in die Sechzigerjahre galt das Handwerk in Deutschland überwiegend als Männerdomäne. Frauen wurden hauptsächlich in „typische" Berufe gedrängt: Sie sollten Friseurin, Schneiderin oder Köchin werden. Technische oder körperlich anspruchsvolle Gewerke waren gesellschaftlich Männern vorbehalten. Der Mann galt als stark, die Frau als schwach.

Wir als Familie mussten mit der Ungerechtigkeit der Erkrankung meiner Mutter leben.

An die Krankenhausaufenthalte hatten wir uns schnell gewöhnt, schließlich sind wir Kinder damit aufgewachsen. Meine Mutter tat auch immer so, als würde sie das alles mit links wegstecken.

Wenn es wieder so weit war, hieß es: „In ein paar Tagen bin ich wieder da, ich freue mich schon auf die geregelten Mahlzeiten im Krankenhaus!"

In den ersten Jahren klang das authentisch. Wir haben das geglaubt, mein Bruder und ich. Erst später wurde uns klar: Natürlich freute sie sich auf gar nichts – wer geht schon gerne ins Krankenhaus? Sie wollte uns aber nicht beunruhigen, nicht belasten und nicht verängstigen. Sie ist so eine starke Frau, ich habe größte Hochachtung vor ihr.

Und auch mein Vater tat so, als wäre alles in bester Ordnung. Er machte klaglos nach der Arbeit Essen für uns und hielt das Haus in Ordnung. Mein Bruder und ich halfen dabei, aber eine große Entlastung waren wir nicht. Trotzdem haben wir unseren Vater nie stöhnen gehört. Er hat sich nie beschwert und arbeitet bis heute sieben Tage die Woche. Er ist einfach, wie er ist: Verantwortung zu übernehmen, ohne jemals zu klagen, ist sein Lebenselixier. Es ist sein Weg, der beste Familienvater zu sein, der er sein kann. Und mittlerweile auch der beste Großvater.

Damals war das alles für mich natürlich noch nicht so klar. Ich war jung, ich hatte meine eigenen Probleme und meine eigene Welt. Ich half, wo ich helfen konnte, aber ich wollte auch meinen eigenen Weg weitergehen. Es begannen so langsam die Zeiten, in denen ich vermutete: Vielleicht war ich gar nicht die Versagerin, die zu sein mir andere stets vermittelt hatten.

PLANLOSER START

Jeder ist seines eigenen Glückes Schmied, und ich versuchte mich so gut es ging zu arrangieren. Ich würde keine Freunde fürs Leben in der Schule finden und vermutlich auch keinen Traummann. Aber das war okay, solange ich nicht jede Pause auf die Toilette flüchten musste. Die Leute sollten mich in Ruhe lassen, dann würde ich sie in Ruhe lassen.

Als ich 17 wurde, war es endlich so weit: Meine Schulzeit endete! Schulpflicht, ich hatte dich überlebt! Der Moment, auf den ich so viele Jahre hingefiebert hatte, war da: mein allerletzter Schultag. Dieses Kapitel war endlich abgeschlossen – und mit ihm das Kapitel mit meiner ersten großen echten Liebe auch.

Und das kam so: Mein Verhalten war zwar in den letzten Jahren so unauffällig wie möglich geblieben, mein Körper allerdings weigerte sich, das Spiel der Unscheinbarkeit mitzuspielen. Ich bekam noch längere Beine, noch filigranere Züge und als Bonus dazu jede Menge junge Männer, die mir den Hof machten. Leider nicht mit einem Besen und einem Eimer, sondern mit Komplimenten und Blumen. Immerhin wusste ich ja jetzt, was „Willst du mit mir gehen“ heißen sollte, und irgendwann versuchte es dann auch Dominik. Wir verbrachten ein paar schöne Monate miteinander.

Doch er wollte keinen Alltag mit Pferd und fand es auf Dauer zu langweilig, mit mir am Stall rumzuhängen und Ställe auszumisten.

Da ich inzwischen wusste, was ich im Leben wollte und brauchte, sah ich keinen anderen Ausweg, als einen

Schlussstrich zu ziehen. Ich war da härter geworden. Kälter vielleicht sogar.

Also saß ich an meinem allerletzten Schultag mal wieder allein in der ersten Busreihe, gleich hinter dem Busfahrer, und fuhr von der Schule nach Hause. Das letzte Mal.

Und ich dachte mir: Sandra, was machst du jetzt? Ich war Single, das Geld für mein eigenes Pferd hatte ich trotz vieler Arbeit noch nicht zusammen, und was ich jetzt beruflich machen wollte…? Wie sagt man so schön: keinen Plan. So lehnte ich, die Kapuze über den Kopf gezogen, an der Scheibe, und das sommerliche Ostwestwalen meiner Jugend zog an mir vorbei. Ich sah die Häuser, an denen ich mit meinen Eltern schon tausend Mal vorbeigefahren war, die Geschäfte, in denen ich mit meiner Mutter herumgelaufen war, und erwartete nicht, in dieser vertrauten, dörflichen, irgendwie immer gleichen Umgebung den Schlüssel zu meiner Zukunft zu finden.

Die immer gleichen Straßen mit den immer gleichen Menschen, die die immer gleichen Probleme mit sich rumschleppen. Das fällt auf dem Dorf sehr viel mehr auf als in Metropolen wie Berlin, Hamburg oder München. Viele finden das Dörfliche langweilig, wollen so schnell wie möglich weg, wenn sie erwachsen sind. Raus in die Welt. Für mich war diese Welt auch klein, aber sie war nicht langweilig. Ich mochte es immer überschaubar, ruhig, sicher. Und ich mochte es, in der Nähe meiner Eltern zu sein. Mich zog nichts in die Großstadt.

Gerade als ich darüber nachdachte, was mich also wohl erwarten würde, so als Pferdemädchen auf dem Dorf, das gerade die Schule und ihre Beziehung beendet hat und keinen großen Masterplan für die Zukunft in der Tasche hatte, da schlug das Schicksal zu. Vielleicht hatte es gewartet, bis ich tapfer die Schulzeit überstanden hatte, ohne aufzugeben. Denn als wäre es von langer Hand für genau diesen Tag vorbereitet worden, entdeckte ich plötzlich doch etwas, das neu war in dieser vertrauten Umgebung, die seit sechs Jahren die Kulisse meines Alltags gewesen war. Genau dort, wo sonst immer die Angebote der örtlichen Supermärkte plakatiert waren und mir verrieten, ob diese Woche Cola light oder gemischtes Hack im Angebot waren, hing plötzlich weithin sichtbar ein völlig anderes Plakat. In der Erinnerung kommt es mir fast so vor, als wäre es damals von allen Seiten hell angestrahlt worden, wie ein riesiges Licht in dunkler Nacht, damit ich es auf jeden Fall bemerken würde.

Und für mich war es das wirklich: das Licht, das mir den Weg weisen würde. Da stand es einfach so mitten in meinem Dorf, und ich rauschte mit dem Schulbus daran vorbei. Bisher hatte ich nie gehofft, der neue Tag würde besser werden als die Tage davor. Doch das änderte sich ausgerechnet heute. Solche Geschichten schreibt wirklich nur das Leben.

ENDLICH WEISS ICH, WAS ICH WILL!

HOLPRIGER BEGINN

Da stand es plötzlich, in großen Lettern, nicht zu übersehen: „Niemand ist talentfrei, finde dein Talent!“ Ein kurzer Satz, nur sechs Wörter. Durch diesen einprägsamen Satz wurde etwas in mir entfacht. Eigentlich war es die Werbung für eine Versicherung, aber für mich war es die eine wichtige Botschaft. Ein Flackern der Zuversicht.

Ich musste mein Talent finden. Das war die Message, die mein Leben verändern würde. Und wenn ich ein Talent hatte, dann war es Werkeln. Dinge bauen, reparieren, tüfteln, Lösungen finden. Also beschloss ich in diesem bedeutsamen Moment: Ich werde Handwerkerin!

Ich wusste noch nicht, dass ich offenbar sogar mit mehreren Talenten gesegnet war, das sollte sich erst später herausstellen. Mir hatte man die letzten Jahre ja immer nur vermittelt, ich hätte gar keine Talente. Dabei hätte ich es mit ein bisschen mehr Selbstbewusstsein schon viel früher ahnen können. Denn das Handwerk war in meinem Leben immer präsent, und ich liebte es wirklich. Auf den Baustellen meines Vaters war ich immer glücklich. Für einen Tag in der Werkstatt musste ich mich nie widerwillig aus dem Bett quälen, wie für so ziemlich jeden Tag in der Schule.

Wenn man das mal analysieren lassen würde, hätte ein Psychologe vermutlich diagnostiziert, ich wolle nur die Anerkennung meines Vaters erreichen, ihn irgendwie beeindrucken, ihn stolz machen. Aber das ist Kindergartenpsychologie. Ich war nicht immer die schüchterne Tochter, die sich abstrampelt, damit der Vater sie irgendwie bemerkt. Die sich damit beschäftigt, womit sich ihr Vater beschäftigt, damit er sie wahrnimmt. Das ist Unsinn. Mein Vater hat uns geliebt – und das hätte er genauso getan, wenn ich von Anfang an Tierärztin oder Feuerwehrfrau hätte werden wollen.

Hinzu kam, dass ich eben nicht in Berlin oder Hamburg aufgewachsen war. Heute, wo ich die Fashion-Industrie auch sehr genau kenne, weiß ich: Vielleicht wäre ich dann mit 17 schon ein erfolgreiches Model gewesen. Andere haben mit 14 oder 15 Jahren begonnen und sind schnell bekannt geworden. Toni Garrn ist mit 14 Jahren auf einem Public Viewing zur WM 2006 entdeckt worden und war ein Jahr später weltweit das Gesicht von Calvin Klein. Aber das war eben in Hamburg. Modelagenten verliefen sich jedoch nicht so oft auf Dorffeste in Schlangen. Auf dem Land wird man also nicht so leicht entdeckt.

Außerdem war das eine Zeit, in der nicht jeder ein Instagram- oder TikTok-Profil hatte. Social Media steckte noch in den Kinderschuhen, ich selbst fand mich nicht wirklich schön, und meine Mutter hatte vom Modeln höchstens mal in den Hochglanzmagazinen beim Friseurbesuch gehört. Und wenn es stimmte, was man da so las, endete das meistens im Drogensumpf. Darum bin ich auch nicht traurig darüber, dass es bei mir länger gebraucht hat, bis sich die Tür zum Modelbusiness geöffnet hat. Wer weiß, was mit mir passiert wäre, wenn ich mit 14 schon allein nach Tokio,

New York, Paris, London und Mailand geschickt worden wäre. Jeden Tag ein anderes, anonymes Hotelzimmer. Jeden Tag neue, fremde Leute. Jeden Tag der Druck, perfekt auszusehen, und bitte nicht zu viel reden. Jeden Tag Jetlag, jeden Tag Einsamkeit. Erfolg hat viele Gesichter – und nicht jedes lächelt dich an.

Ich habe in den Jahren als Model viele Kolleginnen erlebt, denen der frühe Erfolg nicht gutgetan hat. Nicht jedes Mädchen, das mit 14 entdeckt und hochgepusht wird, endet wie Toni Garrn auf einem 100 Meter großen Billboard am Times Square in New York, der teuersten Werbefläche der Welt. Unter uns gesagt: Es gibt sehr wenige Toni Garrns.

Ich bin daher absolut zufrieden damit, dass ich mit 14 noch mit dem Fahrrad durch mein Dorf gefahren bin und Ställe ausgemistet habe.

Obwohl es um ein Haar anders gekommen wäre: Einige Monate zuvor hatte ich mit meiner Mutter meine Tante besucht, und wir irrten deshalb am Kölner Hauptbahnhof herum. Das Rheinland war schon immer ein gutes Pflaster für Models. Heidi Klum kommt aus Bergisch Gladbach, das ist ja quasi ein Vorort von Köln. Und Claudia Schiffer aus Rheinberg. Das gehört zu Düsseldorf – und wenn man einen Kölner fragt, dann ist das ja ebenfalls ein Vorort von Köln.

Genau dort, zwischen Dönerbuden und Reisezentren, in einer Stadt, in der mehr Menschen in einem U-Bahn-Waggon fahren als bei mir zu Hause in Schlangen auf dem Stadtfest feiern, wurde ich von einem Talentscout angesprochen. Mir kam das damals surreal vor. Wie im Film. Mir war gar nicht klar, warum ausgerechnet ich angesprochen wurde. Es liefen Hunderte Mädchen durch diesen riesigen Bahnhof, allein in den paar Minuten, in denen wir dort waren. Aber durch die viele körperliche Arbeit in der Werkstatt und auf den Baustellen mit meinem Vater waren meine Muskeln sehr definiert. Ich hatte kein Gramm Fett zu viel, würde Karl Lagerfeld vielleicht sagen. Dazu war ich mit 16 Jahren bereits 1,76 Meter groß und hatte diese ungewöhnliche, seltene und daher auch durchaus Aufmerksamkeit auf sich ziehende rote lange Mähne. Auf meiner hellen, ebenen Haut gesellten sich noch jede Menge Sommersprossen dazu. Eigentlich perfekt, um zu modeln. Maße industriekonform, Optik mit dem berühmten „gewissen Etwas“, das angeblich immer gesucht wurde.

„Bitte melde dich!“, sagte er und dass ich ein interessantes Gesicht hätte. Er sähe mich bei Gucci und Prada. Gucci und Prada kannte ich höchstens aus Parfum-Werbungen in Zeitschriften und meine Mutter vermutlich gar nicht. Also lächelten wir verlegen und gingen schnell weiter. Fast so, als hätte uns jemand gefragt, ob er mal mit uns über Jesus sprechen darf.

„Bestimmt irgendein Spinner“, sagte meine Mutter.

Anders als Prada und Gucci kannten wir „Bitte melde dich“ gut. Das war eine TV-Sendung, in der Julia Leischik verschollene Personen sucht. Verbrechen und Entführung waren wahrscheinlich auch die ersten Assoziationen meiner Mutter, als ein wildfremder Mann in einer wildfremden Stadt ihre Tochter zu Prada und Gucci bringen wollte. Nächster Auftritt dann bei „Bitte melde dich!“, wo sie ihre vermisste Tochter sucht, die von der Model-Industrie verschleppt worden ist.

Ich nickte zustimmend: „Klar, bestimmt ein Spinner!“

Schnell retteten wir uns in den Zug zurück nach Hause, in unser Dorf, wo mich niemand fragte, ob ich die nächste Julia Stegner werden wollte. Hätte der Scout damals nicht Prada, sondern Ernsting's Family gesagt, hätte ich vielleicht noch mal drüber nachgedacht. Pullover für 20 Euro waren damals näher an unserer Realität als Sweatshirts für 850 Euro.

Außerdem war Ernsting´s Family in meiner Jugend immer mein Lieblingsgeschäft gewesen (von Baumärkten mal abgesehen). Es war gleich im Nachbarort. Einmal im Monat fuhren meine Mutter und ich hin, und ich durfte mir etwas aussuchen. Eine Jeans mit Pailletten war mein Lieblingsteil. Von Gucci und Prada dagegen hatte ich noch nie wirklich gehört.

Unterm Strich betrachtet muss man sagen: Besser keine verfrühte, risikoreiche Modelkarriere und dafür noch mit beiden Beinen fest auf dem Boden der Tatsachen, statt in den verblassenden Erinnerungen von Menschen. Ich war damals für das Modeln noch auf keinen Fall bereit. Models verkaufen durch ihr Auftreten Dinge: Kleidung, Schmuck, Versicherungen, Träume. Und ich hatte bis vor ein paar Monaten in den Schulpausen noch auf der Toilette gekauert und gehofft, dass mich niemand sieht.

Außerdem hatte ich mein echtes Talent bereits easy identifiziert. Ich wusste nicht viel, aber eines wusste ich zu 100 Prozent: Ich wollte Handwerkerin werden.

Die anderen Models gehen nur ins Bad, um sich die Nase zu pudern. Wenn ich im Bad bin, staubt es auch. Aber mein Schminkpinsel ist ein Stemmhammer.

TALENT

An diesem Tag, als das neue Plakat auf meinem finalen Rückweg von der Schule mir wie ein Wegweiser meines Lebens vorkam, nahm ich die Dinge sofort in die Hand.

Das ist auch so ein Merkmal von Handwerkern. Man kann über alles Stunden, Tage und Wochen diskutieren. Fußball, Politik, Erziehung, oder wie man ein Steak richtig anbrät. Einfach über alles. Aber Zerreden hilft nicht immer weiter. Ehrlich gesagt hilft es sogar fast nie weiter. Was aber sehr häufig hilft, ist: Nicht lange quasseln, sondern machen. Rom wurde zwar nicht an einem Tag erbaut, aber wenn damals alle nur gequatscht hätten, würde da, wo heute das Colosseum emporragt, noch immer eine Gruppe Schlaumeier auf einer brachen Fläche rumstehen, sich an der Stirn kratzen und diskutieren, wie man denn jetzt am besten anfangen sollte.

Also nahm ich mir ein Herz und wollte meine Eltern einweihen. Die fragten sich bestimmt ohnehin schon, was ich nach der Schule so vorhaben könnte. Während meiner Schulzeit hatte man mir oft prophezeit, ich würde maximal als Bürgergeld-Empfängerin enden. Aber dass das nicht mein Karriereziel war, konnten sie sich wohl denken. Jetzt, wo es mir selbst so klar vor Augen stand, sollten meine Eltern es als Erste wissen.

Als ich nach Hause kam, stand meine Mutter schon in der Tür. Als ich pfeifend um die Ecke zur Einfahrt kam, rief sie gleich: „Ach, du bist aber gut drauf!"

Viel später erfuhr ich erst, dass sie oft gemerkt hatte, wie traurig mich die Schule machte, und dass es ihr wichtig war, mich gleich aufzuheitern.

Ich strahlte jetzt jedenfalls, denn ich hatte einen Plan: „Ja, Mama, na klar, ich hatte gerade meinen letzten Schultag!"

Sofort schmiss ich die Schultasche neben den Mülleimer, als gehöre sie für alle Zeiten dorthin. Die Schule ist zwar nicht der einzige Ort, an dem fremde Menschen beurteilen, wie gut man ist oder was man erreichen kann, aber den Torturen der Institution Schule war ich erfolgreich entkommen.

Also sprudelte es nur so aus mir heraus: „Ich muss nie wieder in die Schule! Nie wieder lernen! Und ich weiß, was ich werden will! Ich werde Handwerkerin!"

Meine Mutter lächelte. Weise wies sie darauf hin, dass man in seinem ganzen Leben nie aufhören würde zu lernen: „Aber jetzt komm erst mal essen, du Handwerkerin. Wir sprechen darüber heute Abend mit deinem Vater!"

Ja, da war unsere Familie noch sehr traditionell. Daran ist auch nichts Verwerfliches. Denn auch wenn mein Vater uns unsere Freiräume ließ und ein absoluter Verfechter der Gleichberechtigung war, so wurden dennoch alle wichtigen Entscheidungen mit ihm besprochen.

Am Nachmittag half ich meinem Bruder auf dem Feld, und während wir gemeinsam in der Sonne schufteten, sprach er mich darauf an, dass nun ein ganz neuer Lebensabschnitt für mich beginnen würde: „Na, Schwester, letzter Schultag?"

Ich erwiderte lächelnd: „Ja, aber jetzt nicht lange schnacken, wir müssen erst das Stroh reinholen, bevor es regnet!" Es waren nämlich ein paar Kumpel von ihm auch auf dem Feld, um ihm zu helfen, und zwischen all diesen Jungs wollte ich natürlich besonders cool wirken.

Jedenfalls schuftete ich mit den Jungs, in meiner abgeschnittenen Jeans, die ich damals an den besonders heißen Tagen immer getragen habe. Es waren die abgetragenen Modelle, bei denen die Knie durchgeschliffen waren und die man einfach abgeschnitten hatte. Unsere Eltern waren oft entsetzt: Kaum breiter als ein Gürtel und trotzdem noch voller Löcher! Das hätte man 30 Jahre davor vermutlich nicht tragen können. Jedenfalls nicht, ohne auf dem Dorf zum Gesprächsthema Nummer eins zu werden. Heute war das normal. Auch die Elterngeneration hatte es irgendwann akzeptiert. Ein Modetrend, der sich einfach durch Pragmatismus entwickelt hatte. Die Städter nennen diese Modelle Hotpants und verlangen viel Geld dafür. Wir Dorfmädchen haben sie uns einfach selbst gemacht und nie nach einem fancy Namen dafür gesucht.

In meinen Hotpants, von denen ich damals nicht wusste, dass es Hotpants waren, lief ich also von Strohbund zu Strohbund und half, sie auf den Wagen zu laden. Das war ich, am Tag, als ich herausfand, was ich werden wollte: siebzehn Jahre alt, braun gebrannt von der Erntearbeit, lange rote Haare, die im Sommer immer etwas ausgeblichen waren und dadurch auf eine gewisse Weise wild wirkten. Jahre später hatte ich mal einen Modeljob für ein Haarprodukt, das genau diesen Effekt erzeugt.

Ich rannte jedenfalls geschäftig über das Feld – und die Augen der Kumpels von meinem Bruder folgten mir, als wären ihre Blicke ein Zielfernrohr und ich das Objekt ihrer Begierde. Einer fiel mir besonders auf, er war sehr zuvorkommend, hielt mir die Tür vom Traktor immer auf, als wäre es eine Stretchlimo, und lächelte mich niedlich verschmitzt an.

Zum Leidwesen der Jungs war dann aber Schluss mit der Sandra-Show. Um 18:30 Uhr entschied ich, Feierabend zu machen, um etwas zu essen und meinem Vater meine Entscheidung mitzuteilen.

Ich verabschiedete mich, nahm aber noch die Stimme meines Bruders wahr: „Hey Sandra, komm doch anschließend noch zur Werkstatt, wir sitzen da alle noch etwas zusammen!"

Das war vorher noch nicht so oft vorgekommen. Mein großer Bruder lud mich ein, mit ihm und seinen Freunden abzuhängen.

Wie in Trance antwortete ich: „Ja, Großer, wird gemacht, bis später!"

Ich hatte heute wirklich einen Lauf.

Kaum saß ich mit meinen Eltern beim Essen, platzte es aus mir raus: „Ich werde eine Lehre als Handwerkerin machen, Papa!"

Er reagierte interessiert und hilfsbereit. Ob ich schon wüsste, welches Gewerk, fragte er. Aber darüber hatte ich mir noch keine Gedanken gemacht. Bisher hatte ich immer überall geholfen, egal was zu tun war, und Spaß machte mir alles. Also schlug mein Vater vor, ich solle doch ein Berufsvorbereitungsjahr absolvieren und dabei einfach verschiedenste Gewerke ausprobieren. Das klang nach einer vernünftigen Idee. Man konnte ja nicht einfach „Handwerk" lernen, man musste sich schon für einen Hauptbereich entscheiden.

Der Tag lief also exzellent: Jungs auf dem Feld die Augen aus dem Kopf malocht – und mein zukünftiger Job war auch geklärt. Jetzt zum krönenden Abschluss noch schnell zur Scheune und den Traummann begutachten. Wie in einem kitschigen Film hatte er mir ganz zufällig einen Platz gleich neben sich auf der Werkbank frei gehalten. Wir verstanden uns auf Anhieb. An diesem Abend lag ich im Bett und dachte mir: Vielleicht wird mein Leben doch noch gut. Vielleicht liegt das Unangenehmste ja jetzt hinter mir und das Angenehmere steht bevor?

BERUFSORIENTIERUNG: „SIE SIND JA SCHON SEHR WEIBLICH"

Doch schon am nächsten Morgen wurde mein großer Optimismus gleich wieder gebremst. Die härteste Zeit in meinem Leben sollte jetzt beginnen. Was in meiner Familie völlig problemlos besprochen und entschieden wurde, war da draußen in der Welt des Handwerks im Jahr 2012 noch lange nicht so klar. Eine Frau will ins Handwerk? Das war vor 13 Jahren wohl so undenkbar, dass ich es vermutlich einfacher gehabt und mehr Zustimmung erhalten hätte, wenn ich gesagt hätte: So, ich werde Bordsteinschwalbe hinter dem Frankfurter Bahnhof. Ich war damals keine ausgewiesene Feministin. Ich hatte all die Jahre lang genug eigene Probleme gehabt, als dass ich mich in den Geschlechterkampf eingemischt hätte. Ich war aber immer in dem Glauben erzogen worden, dass Frauen dieselben Rechte haben wie Männer. Dass niemand einer Frau verbieten dürfe, was sie zu denken, zu tragen oder zu machen hatte.

Die Ungerechtigkeiten, die mir entgegenschlugen, als ich Handwerkerin werden wollte, trafen mich daher unvermittelt, und ich hatte schwer damit zu kämpfen. War es wirklich so exotisch, wenn eine Frau nicht Sekretärin oder Arzthelferin werden wollte? Ich hatte immer hart mit angepackt und mich nie beklagt. Und jetzt waren da plötzlich Typen, die mich keine 20 Sekunden kannten und mir erklären wollten, die knallharte Welt des Handwerks sei nichts für mich als Frau? Das ging mir nicht in den Kopf.

GLEICHBERECHTIGUNG IN EINER MÄNNERDOMÄNE

Inzwischen setze ich mich seit Jahren für Gleichberechtigung ein. Das war von Anfang an einer meiner größten Antriebsfedern. Aber was ist überhaupt Gleichberechtigung und warum ist sie nicht inzwischen selbstverständlich?

Zunächst mal: Gleichberechtigung ist ein Menschenrecht. Sie bedeutet, dass alle Menschen weltweit gleich sind und gleiche Rechte und Chancen haben. Das steht sogar im deutschen Grundgesetz. Doch nur, weil es im Gesetz steht, bedeutet das nicht, dass es auch im Alltag so ist. Wie Männer sich Frauen gegenüber verhalten, was sie denken und welche Klischees sie noch ausleben, das lässt sich nicht einfach per Gesetz ändern. Das muss in die Köpfe.

Gleichberechtigung sollte nicht um jeden Preis erzwungen werden, aber sie muss gelebt werden. Es darf kein Unterschied gemacht werden, wenn es um Geschlecht oder Hautfarbe geht! Oder Religion. Oder sexueller Orientierung. Was zählt, ist der Mensch, sein Charakter und seine Leistung, nicht Geschlecht oder Hautfarbe!

Ich bin kein Fan von Frauenquoten. Gleichberechtigung heißt auch, dass wir Frauen gleichbehandelt werden. Ich bin auch nicht in meinen Job gerutscht, weil jemand ausgerechnet hat, dass da irgendwo noch eine Frau fehlt und ich halt zufällig eine war. Das hätte ich auch nicht gewollt. Ich wollte mit Leistung überzeugen und habe das mein ganzes Leben lang beherzigt.

Ich will keine Sonderbehandlung, keine Bevorteilung. Aber ich will auch nicht von vornherein als unfähig kategorisiert werden, nur weil ich kein Mann bin, sondern eine Frau. Und da liegt das Problem. Auf dem Papier heißt es, wir hätten die exakt gleichen Chancen wie die Männer. Seit dem allerersten Tag im Handwerk muss ich aber feststellen, und es ist mir immer wieder auch selbst widerfahren, dass das noch überhaupt nicht fest verankert ist in unserer Gesellschaft.

Gleichberechtigung vergleiche ich immer mit einer jungen Pflanze, die jeden Tag gegossen werden muss. Tut man das nicht, geht sie ein. Deshalb dürfen wir nicht müde werden, darüber zu sprechen. Und als Frauen dürfen wir keine Angst davor haben, sie immer wieder einzufordern. Wenn ich in den sozialen Medien über das Thema schreibe, bekomme ich natürlich auch sofort Reaktionen der Follower. Und ich möchte es nicht pauschalisieren, ich bin keine Psychologin, aber zumindest bei mir kann man es prozentual eindeutig feststellen: Je gebildeter der Mann ist, desto mehr hat er die Notwendigkeit von Gleichberechtigung verinnerlicht.

Eher ungebildete Männer sehen starke, selbstbewusste Frauen wohl oft noch als Bedrohung. Dann kommen die Klischeesprüche, die schon in den Fünfzigerjahren Unsinn waren: Du bist doch ein Mannsweib! Frauen gehören in die Küche! Oder wie es Harald Schmidt mal sarkastisch gesagt hat: „Frauen gehören an den Herd, und der steht im Schlafzimmer!"

Die Realität ist, dass ich eine bessere Handwerkerin bin als die meisten Männer in meiner Kommentarspalte. Das wissen viele - und einige kommen damit eben nicht klar. Gegen eine Frau den Kürzeren zu ziehen, und dann auch noch in einer Männerdomäne, das gibt es in ihrer Welt nicht.

Ich möchte, dass Mädchen, die sich mit 16, 17 Jahren für das Handwerk entscheiden, es einmal leichter haben als ich. Und auch, dass Frauen auf der ganzen Welt gleichberechtigt behandelt werden. Vom Handwerk bis zur internationalen Konzernspitze muss da nämlich noch viel getan werden.

Meine Mutter fuhr damals morgens mit mir zum TBZ, dem Technischen Bildungszentrum. Hier wollte ich mich für das Berufsvorbereitungsjahr anmelden. Der Direktor fragte, was ich denn genau werden wolle. Ich antwortete wahrheitsgemäß und euphorisch mit meinen Traumberufen: sehr gerne Werkzeugmechanikerin, Tischlerin oder Maurerin. Und ich war voller Vorfreude, darüber mehr von ihm zu erfahren. Meine Mutter und ich lächelten ihn beide hoffnungsvoll und gebannt an. Was würde er uns empfehlen? Welche Vor- und Nachteile sah er in den verschiedenen Disziplinen?

Anstatt sich aber über Zuwachs im Handwerk und eine Kandidatin zu freuen, die mit Herzblut dabei sein würde, platzte es allerdings aus ihm heraus: „Sie sind ja schon sehr weiblich, wäre da eine Lehre als Friseurin oder Köchin nicht eher was für Sie?“

Da saß ich also. In dem Büro einer öffentlichen Einrichtung, die jungen Menschen helfen sollte, ihren Traumberuf zu finden. Und wir hatten nicht 1950, sondern Sommer 2011. Es war der Sommer, in dem ich zwar den Klauen der Schule entkommen war, aber offenbar nicht dem Patriarchat. Es waren schmerzhafte Lektionen, aber was blieb mir denn übrig?

Da war er, der harte Boden der Realität. Unsere ach so aufgeklärte Gesellschaft. Unsere Gleichberechtigung. Unsere Diversität. Alles Buzzwords. Im Deutschland des Jahres 2011 konnte man als 17-jähriges Mädchen nicht mal formulieren, dass man eventuell Tischlerin werden wolle, ohne zu hören zu bekommen, dass man doch vielleicht mal besser über eine Ausbildung zur Köchin nachdenken sollte. Klar, Frauen gehören doch an den Herd. Am besten auch beruflich.

Aber nicht mit mir. Ich war bereit, den Kampf aufzunehmen. Wenn ich hätte Köchin werden wollen, wäre ich ja nicht hier. Dann hätte ich nicht Jahre auf Baustellen und in der Werkstatt verbracht, sondern in der Küche und auf dem Wochenmarkt. Daher war für mich klar: Diesmal wollte ich mich nicht verkriechen, ich wollte unbeirrt im Sturm stehen bleiben, auch wenn es um mich herum ungemütlich werden würde. Das würde ich durchziehen, lieber Herr Direktor. Und liebe Männer, die einer Frau nicht zutrauen, eine gute Handwerkerin zu werden.

Für meine Mutter, die als junge Frau noch nicht deutschlandweit auf Baustellen arbeiten durfte, denn das wurde erst 1994 erlaubt. Vor allem aber für mich selbst. Für meinen Traumberuf, für meine Passion, für meine Zukunft als Handwerkerin!

Ich ahnte zu diesem Zeitpunkt bereits: Die größte Hürde ist es oft nicht, das Gewerk zu erlernen, sondern sich als Frau vor Übergriffen im Handwerk zu schützen. Verbale, aber auch körperliche Übergriffe gibt es in diesem Berufszweig leider immer noch.

Ob also nicht Köchin die bessere Option für mich wäre, wollte der Direktor wissen, soso. Eigentlich hätte ich antworten sollen, ob nicht vorzeitiger Ruhestand für ihn die bessere Option wäre. Aber Eskalation war genauso wenig hilfreich wie Gewalt, das hatte ich gelernt.

Subtile Drohungen dagegen, die konnten wirken. Also schoss es aus mir raus, dass ich da aber mal gespannt wäre, was die regionalen Zeitungen von seiner Aussage halten würden. Ich hatte nicht lange darüber nachgedacht, aber das war es, was ich empfand: Als Leserin hätte mich interessiert, wie mit jungen Frauen im TBZ umgesprungen wird. Da will eine Frau ins Handwerk, und hier will man es ihr sofort wieder ausreden, hübsch garniert mit üppigen Macho-Klischees. Ich möchte nicht wissen, wie viele potenziell tolle Handwerkerinnen hier vor mir saßen und anschließend ihren Berufswunsch Handwerkerin ad acta gelegt haben. Weil irgendein Typ mit vorurteilsbehaftet eingeschränktem Sehvermögen an einem Schreibtisch hockt, der Frauen lieber an den Kochtopf lässt als an die Kreissäge. Das machte mir Magenschmerzen. Was für eine Ungerechtigkeit.

Der Direktor sackte auf seinem Stuhl plötzlich zusammen und sagte mit hochrotem Kopf, so habe er das doch aber selbstverständlich nicht gemeint. Er freue sich, wenn ich an seiner Schule in die verschiedenen Gewerke reinschnuppern würde.

„Toll", sagte ich, „dann sind wir uns ja einig. Klasse, wie schnell das ging! Danke! Wir sehen uns dann am ersten September!"

Zeitgleich standen meine Mutter und ich auf und verließen den Raum, ohne uns noch mal umzudrehen. Erst im Flur verstand ich so richtig, was gerade geschehen war. So oft war ich auf Toiletten geflüchtet oder hatte mich unsichtbar gemacht. Aber nicht heute. Nicht, als es um meinen Traumberuf ging. Ich hatte mich der Situation gestellt und gewonnen.

Gewinnen fühlt sich gut an, merkte ich. Deshalb beschloss ich, mich ab jetzt Problemen stark zu stellen. Warum auch nicht? Wenn man weiß, was man möchte, muss man sich nicht verstecken. Also gab ich mir ein Versprechen: Ich werde nie wieder eingeschüchtert auf der Toilette sitzen.

Der Sommer 2012 wurde ein schöner Sommer: Ich arbeitete weiterhin viel und sparte auf mein Pferd. Gleichzeitig lernten der süße Freund von meinem Bruder, der übrigens Jan hieß, und ich uns besser kennen – und, wie es Rosamunde Pilcher sagen würde: zum Ende des Sommers auch lieben. So verflog die Zeit zwischen Arbeit und Romanze, und eh ich mich's versah, kam der September.

VORBEREITUNGSJAHR: ZU SEXY FÜR DEN JOB

Mein Vorbereitungsjahr startete.

Natürlich war ich das einzige Mädchen in der Klasse und musste mir den einen oder anderen chauvinistischen Spruch anhören. Aber da hörte ich drüber hinweg.

Ich probierte fast alle Gewerke auf dem Ausbildungsplatz aus, lernte viel Neues kennen und fand heraus, was mir besonders lag. Die Arbeit machte mir unfassbar viel Spaß. Andere 17-jährige Mädchen wollten ein Jahr ins Ausland oder zur Belohnung für den Schulabschluss ein Auto. Ich wollte einfach nur in meine Arbeitskleidung und mit meinen eigenen Händen etwas schaffen.

Schnell besorgte ich mir dann auch das erste Praktikum als Werkzeugmechanikerin in einem großen Unternehmen. Die Arbeit war hervorragend, aber auch hier wurde wieder getuschelt. Sexismus ist kein Nischenprodukt. Man findet ihn überall. Es waren halt fast nur Männer im Betrieb. Ich war die Exotin. Man trug hier die eigene Jeanshose und dazu Arbeitsschuhe. Anders als in anderen Arbeitskitteln oder den oft sehr weit geschnittenen Blaumännern sah man in der Jeans natürlich meine langen schlanken Beine. So war ich schnell Gesprächsthema. Natürlich bekam ich das mit, aber ich war genau da, wo ich sein wollte, und hielt es für unnötig, hier andauernd den Geschlechterkampf auszutragen. Ich würde ja nicht ewig dort bleiben und wollte möglichst viel lernen. Also nahm ich alles zur Kenntnis, hielt mich aber mit Diskussionen zurück. Hier war ja auch niemand, der mir meinen Weg hätte verstellen können. Wenn jemand eine Frau in engen Jeans pauschal für weniger handwerklich begabt hält als einen Mann in Jogginghose, dann ist das sein Problem, nicht meins.

Es war mir nicht wichtig, alle über das Phänomen Gleichberechtigung aufzuklären – nicht hier. Hier nahm ich mir vor, so perfekt wie möglich zu arbeiten. Und ich machte meine Sache wirklich gut, also war für mich daher klar, dass ich nach meinem vierwöchigen Praktikum mit Sicherheit einen Ausbildungsplatz bekommen würde. Meine Leistungen sprachen eindeutig dafür.

Gegen Ende des Praktikums holte mich der Vorarbeiter in sein Büro und sagte: „Frau Hunke, Ihre Arbeit ist ausgezeichnet. Aber Sie sind zu sexy für unseren Betrieb, Sie verdrehen den Männern den Kopf. Ich würde Ihnen raten, sich eine Arbeit zu suchen, bei der Sie mehr unter Frauen sind. Ich kann Ihnen deshalb keinen Ausbildungsplatz anbieten!"

Ich hatte schon einiges erlebt, aber da war ich sprachlos. Weil die Männer ihre geifernden Blicke nicht von einer gut aussehenden Frau lassen konnten, waren sie zu abgelenkt, um vernünftig zu arbeiten? Sie tuschelten wie die berühmten Waschweiber und beschwerten sich, sodass ich den Ausbildungsplatz nicht bekam? Schon wieder Mobbing? Rauswurf wegen sexy? Zu schön für den Job? Zu lange Beine, sodass den Kollegen die Augen ausfielen?

Ich meine, ich arbeitete ja nicht nackt. Ich drehte nicht nebenbei Softpornos für OnlyFans. Ich flirtete nicht, ich ließ mir nicht lasziv drei Liter Wasser über mein weißes Shirt laufen, bis es sich durchsichtig an meinen Oberkörper schmiegte.

Ich kam früh morgens pünktlich zur Arbeit, erledigte diese perfekt, war freundlich und ging dann wieder nach

Hause. Aber anstatt diesen Männern, die es offenbar nicht fertigbrachten, ihre Fantasie im Zaum zu halten, mal ein bisschen Anstand beizubringen, knickte das Unternehmen ein. Ein großes, renommiertes Unternehmen. Keine Wald- und Wiesenbude, die von irgendeinem frauenfeindlichen Vollidioten geführt wurde.

Ich war fassungslos. Und das bin ich bis heute, wenn ich daran zurückdenke.

Was wäre das für eine Chance gewesen, auch für das Unternehmen selbst! Man hätte die Situation erkennen, richtig analysieren und zum Vorteil aller nutzen können. Man hätte die Männer, die durch die Anwesenheit einer jungen Frau in engen Jeans offenbar arbeitsunfähig wurden, zu Schulungen im Umgang mit Frauen schicken können. Man hätte damit nicht in erster Linie meins, sondern vor allem das Leben dieser Männer einfacher gemacht.

Denn mit einem Weltbild wie der Papst in den Sechzigern kann man heute keinen Blumentopf mehr gewinnen. Etwas Aufklärung, etwas modernes Denken, etwas Vernunft, das hätte keinem von denen geschadet. Im Gegenteil. Stattdessen wählte man aber den einfachen, den altgedienten Weg, der schon in den Generationen zuvor dafür gesorgt hatte, dass Frauen strukturell benachteiligt wurden: Man entschied sich aktiv für Sexismus und gegen die Zukunft.

Die Frau, die nichts falsch gemacht hatte und die hervorragend arbeitete, wurde verbannt. Heute würde ich noch am selben Tag vor dem Betriebsgelände sämtliche TV- und Printmedien vorfahren lassen und das Problem in aller Öffentlichkeit schildern, aber damals war ich noch sehr zurückhaltend. Das dafür notwendige Selbstbewusstsein wurde mir schon in den frühen Schuljahren genommen und kam leider nicht einfach über Nacht zurück, trotz aller guter Vorsätze. Es war ein langer Prozess. Er hatte zwar begonnen und trug schon erste Blüten, wie man an dem Gespräch mit dem TBZ-Direktor ablesen konnte, aber er war noch lange nicht abgeschlossen.

Für mich ging es also wieder in genau jenes TBZ, wo ich zuerst in die Kochschule hatte abgeschoben werden sollen.

Ich wusste, auch hier gab es diese Jungs, die immer mal Sprüche machten, also wollte ich vorbeugen. Die Klügere gibt nach, dachte ich, und entschied mich, statt Jeanshosen nur noch weite Arbeitshosen zu tragen. Im Prinzip genau wie in genau den Kulturen, die diese Männer beim Feierabendbier als unkultiviert und rückständig bezeichneten: Wo Frauen sich keusch kleiden mussten, damit die Männer von ihnen nicht abgelenkt wurden.

Die Doppelmoral war eklatant, aber niemand schien sie zu bemerken! Man redete sich in Rage, wie schwer es Frauen in anderen Ländern hatten, die nicht so supermodern und aufgeklärt und demokratisch waren – nur um dann im gleichen Atemzug ein paar Meter nebenan der Kollegin zu suggerieren, sie solle mal besser keine enge Hose tragen oder zu viel Haut zeigen. Sexismus ist wohl nur schlimm, wenn er von anderen praktiziert wird. Also spielte ich das Spiel mit und gab mich keusch. Keine engen Hosen, keine kurzen Shirts, keine nackten Arme. Ich kleidete mich so, dass man bis auf meine langen Haare kaum noch etwas Weibliches erkennen konnte.

Das war rückblickend der völlig falsche Ansatz, keine Frage. Ich würde gerne schreiben, dass ich damals erst recht in High Heels und Minirock zur Arbeit gekommen wäre, um allen zu zeigen, dass eine sexy Frau trotzdem die bessere Handwerkerin sein kann. Kann ich aber nicht, denn so eine Strategie kam mir damals aussichtslos und unsinnig vor. Ich wollte ja nicht die Alice Schwarzer des Handwerks werden, sondern einfach so gut wie möglich in meinem Job.

Und wenn ich dafür weniger weiblich aussehen sollte, tja, dann war das wohl das kleinere Übel.

Heute wünsche ich mir, ich hätte jeden Einzelnen zur Rede gestellt und gefragt, ob ich ihm irgendwie helfen könne, seine Komplexe Frauen gegenüber zu überwinden, und ob eventuell die Pubertät noch nicht abgeschlossen sei. Aber ich entschied mich fürs Weggucken. Leider.

GLEICHBERECHTIGUNG WELTWEIT

Wenn wir zum Thema Gleichberechtigung einmal auf die Welt schauen, stellen wir fest, dass Menschen international keineswegs die gleichen Rechte haben. In einigen Ländern zeichnet sich sogar ein Umkehrtrend ab. Ich bin keine Politik-Expertin, aber man muss kein Genie sein, um zu erkennen: Was die Rechte von Frauen angeht, entwickeln sich zum Beispiel Länder wie Afghanistan oder Syrien aktuell sogar zurück. Aber auch Länder, die sogar mit ihrer angeblichen Weltoffenheit werben, wie zum Beispiel die Vereinigten Arabischen Emirate mit ihrer vermeintlichen Traumstadt Dubai, sind bei den Themen „Women, Business and the Law" immer noch Schlusslichter. Am wenigsten gleichberechtigt sind Frauen in Saudi-Arabien, knapp nach den Vereinigten Arabischen Emiraten, dem Sudan und dem Iran.

Und darüber müssen wir natürlich auch sprechen. Oft werden wir Europäer als arrogant und überheblich abgestempelt, wenn wir anderen Ländern unsere demokratischen Werte aufzeigen möchten. Ich finde es aber keineswegs überheblich, etwa darauf hinzuweisen, dass man Frauen nicht auspeitschen darf. Wir alle sollten täglich darüber sprechen. Vor allem die, die noch schneller etwas ändern können als du oder ich. Politiker. Weltkonzerne.

Ziemlich verwerflich finde ich es, wenn man diese Länder dann auch noch bereist oder sogar als Steuerparadies nutzt und sie damit unterstützt. Wirklich beschämend ist es, wenn Influencer in

Dubai leben, um Steuern zu sparen, und sich zeitgleich auf Social Media für Gleichberechtigung einsetzen. Schlimmer kann man die Gleichberechtigung nicht mit den Füßen treten.

Mein Vater merkte natürlich, dass ich unglücklich war, und schlug mir eine Ausbildung als Anlagenmechanikerin SHK vor.

„Ja klar, Gas, Wasser, Scheiße", sagte ich und lachte.

Aber er meinte es ernst. Und er hatte sogar eine Idee dahinter, die mir sofort gefiel: „Ja, genau. Dann können wir später zusammen Bäder bauen. Hunke und Hunke, da fliegt der Funke."

Er hatte sogar schon einen Claim! Er war Handwerker und kein Werbetexter, aber so spontan gar nicht schlecht, oder? Ich war jedenfalls Feuer und Flamme. Später selbstständig zu sein, meine eigene Chefin, und mit meinem Vater gemeinsam Bäder bauen, der Gedanke gefiel mir. Und wenn wir mal ehrlich sind: Wirklich niemand hatte bis dahin mehr Zeit auf Toiletten verbracht als ich. Und wer mal in einer Schule in NRW war, der weiß: Wenn Schultoiletten grundsätzlich hässlich sind, sind die in Nordrhein-Westfalen noch schlimmer. Dagegen wirken wahrscheinlich sogar die Nasszellen der Rütlischule in Berlin wie das Spa im Adlon. Luxusbäder bauen, ja, das könnte mir Spaß machen.

LOTTOGEWINN: LEHRE BEI HERRN LOCHMANN

Also machte ich mich daran, diesen Plan umzusetzen. Dazu gehörte in Phase eins: ein Praktikum im Nachbarort. Am ersten Morgen fuhr ich mit dem Fahrrad dorthin, es waren ja nur zwei Kilometer – zwei Kilometer wie in eine andere Welt. Ich hatte bislang immer gedacht, ich wohnte im kleinsten Ort der Welt, aber dieser war noch kleiner. Es gab nur eine Landstraße, die durch eine winzige Talsohle führte. Da waren riesige Hänge links, riesige Hänge rechts – die meisten Einwohner haben hier vermutlich noch nie die Sonne gesehen, dachte ich. Und von da an ging es steil bergauf. Okay, nicht mit meinem Leben, aber dafür wörtlich: Hier war eine Steigung wie der Aktienkurs von Milka, wenn die morgen eine Schokolade ohne Kalorien erfinden würden. Genau hier an diesem Berg war mein neuer Arbeitsplatz. Als Arbeitskleidung müsste es wohl Bergsteigerklamotten geben, dachte ich noch.

Auf dem firmeneigenen Bulli stand „Bäder und Heizungen Lochmann". Gerade als ich „Wohin hat es mich denn hier verschlagen, in welches Loch, Mann?" denken wollte, rasselte vor mir ein altes Garagentor hoch. Wobei: Die einen nennen es Garagentor, die Firma „Bäder und Heizungen Lochmann" nennt es Eingangspforte. Der Schauplatz meines Praktikums war eine Firma, die aus einer Garage an einem in die Jahre gekommen Wohnhaus bestand.

Schon stand ein älterer Mann im Garagentor und nickte gemütlich rüber: „Moin, ich bin der Herr Lochmann!"

Das kam natürlich überraschend, wo doch auf dem Bulli „Lochmann" stand und auf dem Garagentor „Lochmann" stand und auf dem Klingelschild „Lochmann" stand und zur Sicherheit auf dem Blaumann von Herrn Lochmann - was wohl? genau – „Lochmann" stand.

Herr Lochmann von der Firma Lochmann war jedenfalls informiert: „Und du willst hier ein Praktikum machen!"

„Ja, ich bin die Sandra."

„Ja Sandra, dann stell dein Fahrrad mal in die Garage, wir müssen los!"

Das gefiel mir. Ihr wisst ja: Nicht lange quasseln, sondern machen. Also stellte ich schnell mein Rad ab und sprang in den Bulli. Herr Lochmann fuhr und erzählte mir alles über seinen Betrieb. Er war schon seit dreißig Jahren selbstständig.

„Gelegentlich habe ich mal einen Mitarbeiter, aber das meiste erledige ich selbst. Bäder bauen, Heizungen einbauen bis hin zu Klempnerarbeiten!“

Genau das, was ich noch besser lernen wollte, klasse. Nach wenigen Minuten ging es dann auch schon los und wir standen beim ersten Kunden.

„Das ist Frau Hunke, die tauscht ihnen jetzt den Waschtisch aus!“, hörte ich Herrn Lochmann sagen.

Ach so? Hier auf dem Land kennt man seine Kunden, und Herr Lochmann hatte mit den meisten ein freundschaftliches Verhältnis. Deshalb dachte ich auch, er scherzte.

Doch als ich gerade ein zaghaftes Lächeln über meine Lippen huschen lassen wollte, sagte er: „Ja nun, Sandra, dann leg mal los. Die Arbeit macht sich nicht von selbst. Werkzeug und Waschtisch aus dem Bulli holen!“

Das war wohl die Rache des Schicksals für meine Gedanken über seine alte Garage, dachte ich und flitzte los. Überrascht, aber keineswegs verängstigt. Ich wusste ja, was ich machen sollte und dass ich das auch machen wollte.

Ich verspürte Vorfreude und Stolz. Anders als bei den – Entschuldigung – Arschgeigen bei dem großen Unternehmen zuvor traute Herr Lochmann mir offenbar etwas zu. Dem wollte ich natürlich gerecht werden. Ruckzuck stand ich also mit allem im Bad.

„So, Sandra, dann fang mal an! Wenn du Fragen hast, einfach melden!“

Natürlich hatte ich anfangs viele Fragen, da ich aber immer schon viel gewerkelt hatte, ging mir das meiste echt leicht von der Hand. Mann musste mir kein Werkzeug mehr erklären oder wie man es anwendet, und immer, wenn ich mal ins Stocken kam, war Herr Lochmann schon zu Stelle. Er antizipierte gut, aber sein Eingreifen wurde immer seltener nötig. Die nächsten Wochen baute ich Bäder, tauschte Heizungen aus und erledigte Blecharbeiten.

Rückwirkend betrachtet war diese kleine Garage mit Herrn Lochmann mein Lottogewinn. In großen Betrieben wird man meistens auf einige bestimmte Arbeiten spezialisiert. Man macht tagein, tagaus dasselbe. Aber hier konnte ich alles tun, überall helfen und reinschnuppern und das meiste sogar ganz allein bewerkstelligen. Herr Lochmann traute mir wirklich alles zu.

Die vier Wochen Praktikum vergingen viel zu schnell. Es waren superglückliche Tage, denn ich durfte etwas mit meinen eigenen Händen bauen und sah jeden Abend, was ich geschaffen hatte. Ich lernte täglich dazu.

Am letzten Tag saßen wir nach Feierabend zusammen auf der Rückfahrt im Bulli, und er sagte: „Sandra, eigentlich wollte ich nicht mehr ausbilden. Ich bin jetzt auch schon über 50, und ich müsste mich dann noch mal mit der ganzen Bürokratie auseinandersetzen. Aber du hast Talent. Also würde ich das Abenteuer noch mal wagen, wenn du Lust hast!"

Das waren die schönsten Worte, die ich seit Langem gehört hatte. Natürlich hatte ich Lust! Ein sehr netter, wahnsinnig kompetenter Chef, keine gaffenden und keine nervigen Kollegen, die sich um die Arbeit drückten und lieber ihre sexistischen Sprüche vom Stapel lassen wollten. Einfach nur ein sehr angenehmer, älterer Mann, der sich bereit erklärte, mir sein ganzes Wissen zu vermitteln, weil er mein Talent erkannt hatte.

„Sehr gerne, Herr Lochmann!", antwortete ich also freudig.

„Wann kannst du anfangen?", gab er in seiner pragmatischen Art zurück.

Na ja, wann wohl? „Morgen!", sagte ich euphorisch.

„Sehr gut, dann bis morgen!", lächelte er.

Ich fuhr überglücklich nach Hause. Ich hatte einen Ausbildungsplatz. Ich werde mein ganzes Leben lang schöne Bäder bauen, dachte ich mir und erzählte es stolz meinen Eltern. Die waren begeistert. Auch mein Freund Jan freute sich mit mir. Handwerk, das ist doch was Solides.

Das erste Ausbildungsjahr startete also sofort. Ich arbeitete fleißig und legte mein Lehrgeld zur Seite für meinen großen Traum, den ich nie vergessen hatte: mein Pferd. Die Arbeit machte mir großen Spaß, ich lebte fast ausschließlich in meiner Arbeitshose. Ich werde Handwerkerin, das war es, was ich mir immer vorgenommen hatte. Und es sah so aus, als sollte das jetzt klappen. Mega!

Es war eine unbeschwerte Zeit. Nach all den Jahren des Versteckens und des Verdrängens machte ich endlich das, worauf ich immer Lust gehabt hatte.

Der eine oder andere Kunde schaute mal etwas verwirrt oder machte eine abfällige Bemerkung, aber es gab auch viel positives Feedback.

BERUFSSCHULE: BESENKAMMER STATT UMKLEIDE

Leider waren da aber ja auch noch die zwei Tage Berufsschule pro Woche. Eigentlich wollte ich nicht mehr lernen, also jedenfalls nicht in so einem Schulkontext. Nur die wichtigen Dinge, draußen in den Bädern unserer Region. Aber es gehörte halt dazu, und die Ausbildung machte mir Spaß, deshalb zog ich durch.

In der Berufsschule war ich das einzige Mädchen in der Klasse. Das spürte man an den absurdesten Stellen. Da man beispielsweise entschieden hatte, für eine einzige Frau nicht extra eine eigene Umkleide beheizen zu können, meinte mein Sportlehrer, ich müsste mich eben in der Besenkammer umziehen. Mehr kann man eine Frau vermutlich nicht demütigen. Damals war zeitgleich auch der Skandal mit Boris Becker in den Medien, der mit seiner Affäre in einer Besenkammer mal nebenbei ein Kind gezeugt hatte. Jetzt stand ich in so einer Besenkammer und musste mich für den Sportunterricht umziehen. Meine roten Haare beflügelten die Fantasie der Jungs zusätzlich, und ich musste mir Sprüche anhören von „rostiges Dach" über „feuchter Keller" bis hin zu: „Du bist bestimmt auch von Boris Becker in der Besenkammer gezeugt worden."

Rote Haare und Boris Becker – logisch: mitgehangen, mitgefangen.

In den Medien wurde zwar auch 2012 schon Gleichberechtigung gepredigt, aber bis ins Handwerk war das noch nicht so richtig durchgesickert. Ich nahm es gelassen, baute mir einen Schutzpanzer auf und überhörte die Sprüche. Ich hatte einen Job, den ich liebte, und mein klares Ziel war es, die Ausbildung zu beenden. Das würde ich mir von ein paar idiotischen Boris-Becker-Sprüchen nicht vermasseln lassen.

FRAUEN IM HANDWERK: HEUTE

Trotz gesellschaftlicher Fortschritte ist der Frauenanteil im Handwerk auch heute noch erstaunlich gering. Laut Statistiken der Handwerkskammern machen Frauen nur etwa zehn Prozent der Beschäftigten im Handwerk aus. In Berufen wie Anlagenmechanik oder Dachdeckerei ist der Anteil sogar noch niedriger.

Das liegt nicht nur an Vorurteilen, sondern auch an strukturellen Problemen, die Frauen den Einstieg in diesen Berufszweig erschweren. Dazu zählen:

- fehlende Vorbilder in der Branche, die Frauen ermutigen könnten

- Geschlechterklischees, die junge Mädchen davon abhalten, technische Berufe zu wählen
- Arbeitsbedingungen, die auf die Bedürfnisse von Frauen – z. B. im Hinblick auf Mutterschutz und Familienfreundlichkeit – wenig Rücksicht nehmen

Dennoch gibt es Fortschritte: Immer mehr Frauen wagen den Schritt ins Handwerk und beweisen, dass sie genauso kompetent und leistungsfähig sind wie ihre männlichen Kollegen.

Die Arbeit stärkte mein Selbstvertrauen. Es machte mich glücklich, zu sehen, wie ich immer mehr handwerkliche Fähigkeiten erlernte. Mein Leben war perfekt: Tagsüber arbeiten, nach Feierabend beim Pferd sein und abends mit Jan das Dorf unsicher machen. Er hatte einen Pick-up, mein absolutes Traumauto. Damit fuhren wir abends durchs Dorf und trafen Kumpels.

„Lass mal eine DIF machen", sagten wir immer.

Die Abkürzung stand für „Dorf-Informations-Fahrt".

Auch meine Freundin Sarah gab es noch, auch wenn ich sie nach wie vor aufgrund der unterschiedlichen täglichen Wege nur unregelmäßig sah. Ich hatte aber auch noch eine andere Freundin: Sabrina. Sie hatte ein eigenes Pferd am Stall und war nebenher Fotografin. Sie forderte mich immer wieder auf, mal gemeinsam ein paar Bilder von mir zu machen. Und weil ich nicht nur eine Handwerkerin war, sondern auch eine junge Frau, machte mir das natürlich Spaß. Welches Mädchen bekommt nicht gerne gesagt, dass sie auf Fotos fantastisch aussieht? Ich schminkte mich dann selbst – und Schminken ist wirklich nicht mein größtes Talent, sonst wäre ich ja auf eine Kosmetikschule gegangen und nicht in die „Gas, Wasser, Scheiße"-Domäne eingestiegen, die viel eher meine Welt war. Ich wusste, wie man Bäder schön machen konnte, aber wie man das mit meinem Gesicht machte, da war ich kein Profi. Ich hatte es einfach nie gelernt und nie benötigt. Während viele junge Frauen Youtube-Videos schauten, in denen ihnen Bloggerinnen erklärten, wie man sich schminkt, trug ich lieber Arbeitshosen, blieb ungeschminkt und trug Oversize-Hoodies, um mein Aussehen zu verbergen.

Aus heutiger Sicht für mich völlig unverständlich. Zeitweise muss ich ausgesehen haben wie das Anti-Model. So wenig geschminkt, so wenig sexy und so wenig hübsch gekleidet wie möglich. Wie konnte ich mich damals nur so sehr einschüchtern lassen? Und wie konnte ich meine Weiblichkeit für das Handwerk unterdrücken und unter übergroßer Kleidung verstecken? Das jahrelange Mobbing hatte zur Folge gehabt, dass ich ernsthaft dachte, ich sei nicht hübsch genug für diese Welt.

Wenn ich einen Raum betrete, gebe ich mich immer sehr bescheiden. Ich möchte den Männern nicht gleich Angst machen.

Das bringt mich wieder zum Thema Gleichberechtigung. Im öffentlichen Diskurs geht es in erster Linie darum, dass Frauen im Durchschnitt weniger verdienen als ihre männlichen Kollegen und es sehr viel seltener in hohe Positionen schaffen, obwohl zum Beispiel der Bildungsspiegel zeigt, dass Frauen die besseren Schulabschlüsse vorweisen können.

Zur Gleichberechtigung gehört aber mehr, meiner Meinung nach. Auch, dass man als Frau jeden Beruf ausüben darf, den man ergreifen möchte, ohne dafür seine Weiblichkeit verschleiern zu müssen, sollte selbstverständlich sein. Frauen sollten optisch und vom Verhalten her nicht zum Mann mutieren müssen, nur um in einer Männerdomäne arbeiten zu können.

ERSTE FOTOSHOOTINGS UND MODELING-ANFRAGEN – „AMAZING LEGS!"

Über die Bilder, die Sabrina und ich damals gemacht hatten und von denen wir seinerzeit komplett begeistert waren, lachen wir heute übrigens. Sabrina arbeitet inzwischen professionell als Fotografin und ich unter anderem professionell als Model. Aber was heute etwas amateurhaft und vielleicht sogar etwas lächerlich erscheint, war damals der Startschuss für die Entwicklung meines Selbstbewusstseins.

Ich erzählte Sabrina davon, dass es sogar eine Wahl zur „Miss Handwerk" gab, verwarf den Gedanken, da mitzumachen, aber sehr schnell wieder, ich traute mich nicht. Sabrina allerdings sah das anders, und Bilder hatte sie ja genügend von mir. Sie ließ mir gar keine Wahl und meldete mich, ohne mich zu fragen, einfach an.

Eines Tages stand sie vor meiner Tür und wedelte mit einem Brief in der Hand vor mir rum: „Hey Sandra, stell dir mal vor, du bist beim Vorentscheid zur Miss Handwerk!"

Ich musste erst mal schlucken. Ich wollte mich nicht mit anderen Frauen messen. Schon gar nicht in der Kategorie, wer wohl die Schönste sei. Ich war mir sicher, da könne ich nur verlieren. Denn schön war ich ja nicht, das hatten sie mir auf dem Schulhof oft genug gesagt. Aber ich mochte Sabrina, sie war eine gute Freundin geworden, und sie war so begeistert von ihrer Idee. Sie setzte sich so oft für mich ein, und deshalb konnte ich nicht Nein sagen. Es wäre ihr gegenüber unfair gewesen.

Also lächelte ich und sagte: „Super, ich freue mich!"

Schon 14 Tage später sollte es nach Düsseldorf gehen, wo das Kalendershooting mit den zwölf Endrunden-Kandidatinnen stattfand. Sabrina war enthusiastisch, aber es gab ja auch noch andere sehr wichtige Menschen in meinem Leben.

Jan war von der Idee, dort teilzunehmen, nicht so angetan: „Du in der großen weiten Welt, was willst du denn da?"

Zu dem Zeitpunkt nahm ich es noch nicht so wahr, aber aus heutiger Sicht, mit dem Wissen der letzten Jahre, weiß ich: Er wollte mich nicht davon abhalten, weil er es mir nicht gönnte oder dachte, ich sei dafür zu wenig talentiert oder hübsch. Er hatte einfach große Verlustängste. Männer denken manchmal ja in komischen Kategorien. Für ihn war ich die hübscheste Frau der Welt. Wenn das alle sehen würden, würde mein Einzugsgebiet größer werden, mein Marktwert steigen und er damit Konkurrenz bekommen. Und nach dem Einmaleins von Jungs heißt das natürlich: Vielleicht würde ich mich in jemand anderen verlieben.

Ich war aber nie so. Diese Gefahr gab es nicht, ich war immer treu. Niemals würde ich jemanden betrügen, schließlich wusste ich am besten, wie sich Schmerz anfühlt.

Die Misswahl machte mir großen Spaß. Ich wurde professionell geschminkt, und es gab ein Fotostudio, in dem die Bilder gemacht wurden. Das war aufregend und neu. Am Abend vorher checkten wir im Hotel ein. Es war mein erster Aufenthalt in einem Hotel. Jan und meine Freundin Sabrina waren mit angereist. Auf meinem Zimmer lag ein Umschlag, den Jan mir etwas mürrisch in die Hand drückte. Morgen sollte ich bitte um neun Uhr am Set sein, stand darauf. Hallo, kneift mich mal, dachte ich damals. Ich bin in einem wunderschönen Hotelzimmer und habe einen Umschlag erhalten, in dem irgendwas von „am Set sein" steht. Ich fühlte mich wie Gisele Bündchen.

Und, das muss ich zugeben, ich war sehr fasziniert. Der nächste Morgen kam, und ich war überpünktlich am Set. Die Make-up-Artistin schminkte mich und bewunderte mein Gesicht: „Du bist ja so hübsch, Sandra!"

Ich konnte gar nicht glauben, was ich hier hörte. Könnte es sein, dass zwölfjährige Dorfmädchen doch nicht so viel Ahnung von Schönheit und Erfolg hatten? Schon war es halb elf, und es ging zum Set.

Der Fotograf war Engländer und sprach natürlich nur Englisch. Als Handwerkerin brauche ich kein Englisch, habe ich in der Schule immer gedacht. Die Bäder bei der Queen im Buckingham Palace werde ich wohl nicht aufstemmen müssen. Das war blöd, bemerkte ich jetzt. Wir verständigten uns mit Händen und Füßen.

Er sagte immer „Nice face! Nice face!", und dank Thomas Hayo verstand ich das noch ansatzweise. Aber schon mit „Amazing legs" konnte ich nichts anfangen. Amazing legs? Sprach er von einem Leck im Badezimmer, aus dem Ameisen krochen? Unwahrscheinlich, obwohl ich da hätte helfen können. Ich versuchte, mir nicht anmerken zu lassen, dass ich kein Wort kapiert hatte. Beim Fotografieren schrie er sich dann förmlich in Ekstase. Er bekam sich gar nicht mehr ein. Zum Glück war dann bald Schluss mit amazing legs und amazing Was-auch-immer.

Dafür wurde anschließend noch ein kurzes Video aufgezeichnet, in dem ich mich vorstellen musste. Auf Deutsch, immerhin, obwohl ich sehr unsicher war. Aus Angst vor den Schulkameraden hatte ich nie vor der Klasse gesprochen. Ich hatte mich immer darum gedrückt, wollte nie im Fokus stehen und noch mehr Angriffsfläche bieten. Mitten vor der Klasse zu stehen und in die Gesichter von genau denen zu sehen, vor denen ich in den Pausen auf die Toilette flüchtete – das erschien mir nicht erstrebenswert. Und jetzt musste ich vor einem Team von Foto- und Videografen in diesem riesigen Set sprechen, ganz ohne Vorbereitung. Ich nahm allen Mut zusammen, und es klappte auf Anhieb. Manchmal muss man sich nur trauen. Das ist auch so eine Lehre. So schwer es auch klingt: Wenn du es nicht einfach mal versuchst, wirst du nie wissen, ob du es nicht doch kannst.

Gewonnen habe ich den Titel am Ende nicht. „Miss Handwerk" wurde ein anderes Mädchen. Wahrscheinlich hatte die noch amazingere legs. Aber das war halb so schlimm, denn ich war um eine Erfahrung reicher. Ich habe gemerkt, es gibt Leute, die mich attraktiv finden. Und das waren Leute, die in der Branche arbeiteten, die Ahnung hatten und Erfahrung. Die jeden Tag Mädchen wie mich sahen und daher wussten, wer Potenzial hatte und wer nicht. Die Bilder von mir wurden in den Printmedien abgedruckt, und die Geschichte nahm ihren Lauf.

Irgendwo in einer Zeitung entdeckten die Macher des *Landflirt*-Kalenders meine Bilder und kontaktierten mich. Also folgte die nächste Einladung. Und es kam noch besser: Diesmal gab dafür sogar eine Gage. Da mir nach vielen Jahren des Sparens inzwischen nur noch ein paar hundert Euro für mein eigenes Pferd fehlten, nahm ich natürlich an. Jan gefiel das wieder gar nicht.

„Du bist Handwerkerin und kein Model", erinnerte er mich. Anders als bei dem „Miss Handwerk"-Thema wurde er dabei jetzt auch bestimmter. Er ahnte vielleicht, dass das erst der Anfang war.

Inzwischen war ich im zweiten Lehrjahr und würde diesen Sommer 19 Jahre alt werden. Ich war erwachsen, hatte den Führerschein gemacht und mir einen kleinen, alten Polo gekauft. Ich war selbstständig und hatte eine eigene Meinung.

Deshalb setzte ich mich in mein Auto und fuhr zum Kalender-Shooting. Warum auch nicht? Modeling ist ein ganz normaler Beruf, so wie Bäcker, Busfahrer, Anwalt oder Steuerberater. Es verlief auch alles reibungslos, und am

Ende hatte ich endlich genug Geld für mein eigenes Pferd. Nach all den Jahren ein großer Erfolg für mich, der mir zeigte: Fleiß und Beharrlichkeit zahlen sich aus. Man kann sich auch große Träume erfüllen, wenn man konzentriert am Ball bleibt.

Und auch Jan kriegte sich wieder ein. Er sah ja jetzt, wie ich aufblühte.

Es war so weit: Ich kaufte mir mein Pferd. Natürlich war das ein ganz besonderer, unvergesslicher Tag in meinem Leben. Mein Pferd. Niemand konnte es mir mehr wegnehmen oder mir sagen, was ich zu tun hatte, damit ich reiten durfte. Ich war auf niemanden mehr angewiesen. Niemand würde über Nacht mein Pferd wegbringen. Sein Name war Balou. Balou und ich waren ab jetzt beste Freunde. Tagsüber Bäder bauen und abends zu meinem Pferd – mein Leben war perfekt.

Und obwohl ich Jan über alles liebte, ließ ich mich auch von ihm nicht mehr rumschubsen. Ich hatte mein eigenes Geld aus meinem Lehrgehalt, mein eigenes Pferd und mein eigenes altes Auto. Mehr brauchte ich nicht, um die größte Freiheit zu spüren, die ich je hatte. Ich war eine eigenständige Frau, deren Selbstbewusstsein durch das Handwerk geprägt wurde. Und ich hatte durch kleine Modelanfragen sogar weitere Optionen, um mal aus meinem Alltag auszubrechen. Es war ein guter Nebenverdienst; mein Pferd musste ja auch unterhalten werden. Und mit jedem kleinen Modeljob stieg auch mein Selbstbewusstsein, und ich strahlte immer mehr.

„WANN KOMMT DENN IHR CHEF?"

Das führte dazu, dass ich auch bei Kunden bestimmter auftrat. Ich war nicht mehr der schüchterne Lehrling, den man kaum bemerkte. Ich kam an und erledigte den Job, für den die Kunden bezahlt hatten.

Das Können einer Frau im Handwerk wurde allerdings weiterhin oft angezweifelt.

Eine der Lieblingsfragen meiner Kunden war: „Wann kommt denn Ihr Chef?"

Als wäre ich nur zum Spaß schon mal vorbeigekommen, um zu gucken, ob ich etwas für die Mittagspause vorbereiten könnte.

Immer öfter stand nämlich nur ich vor der Tür der Kunden und löste ihre Probleme im Alleingang – denn ich war gut.

Ich nahm die Kommentare mit Humor und machte ein Hobby daraus, flapsig zu antworten: „Wenn mir die Luft ausgeht und ich hier ersticke, hoffentlich!"

Ich habe es den Kunden aber nie krummgenommen. Ich war Dienstleisterin, und sie bezahlten uns, damit ihre Bäder oder die Heizung wieder funktionierten. Sie hatten kein Seminar über Feminismus und Gleichberechtigung bestellt. Ich baute ihnen schöne Bäder, und am Ende waren immer alle happy.

VOM WIDERSTAND ZUR WERTSCHÄTZUNG

In meinem Leben habe ich viele Frauen getroffen, die ihren eigenen Weg im Handwerk gegangen sind – jede mit ihrer eigenen Geschichte, ihren Herausforderungen und Erfolgen.

Eine junge Frau, die ich auf Instagram kennengelernt habe, berichtete mir von ihrem Einstieg als Elektrikerin. Sie erzählte, wie sie während ihrer Ausbildung oft das Gefühl hatte, nicht ernst genommen zu werden – bis sie eines Tages eine schwierige Aufgabe löste, die ihre männlichen Kollegen nicht bewältigen konnten. Von diesem Moment an änderte sich ihr Standing im Team, und sie wurde als gleichwertige Kollegin akzeptiert.

Solche Geschichten zeigen, dass Frauen im Handwerk erfolgreich sein können, wenn sie die richtige Unterstützung und die Chance erhalten, ihre Fähigkeiten zu beweisen. Sie zeigen aber auch ein Dilemma: nämlich, dass Frauen oft deutlich besser als ihre männlichen Kollegen sein müssen, um dieselbe Wertschätzung zu erfahren.

Tatsächlich konnten selbst meine Freundinnen oft gar nicht glauben, was ich ihnen von meiner Arbeit erzählte. Das war auch der Grund, warum ich mir damals ein Facebook-Profil anlegte. Ja, so lange ist das her; Facebook war damals total angesagt, Instagram und TikTok gab es noch gar nicht. Auch den Beruf Influencer gab es da noch nicht. (Und wenn jemand Influenza sagte, meinte er die Grippe und nicht den Lieblingsberuf der jungen Menschen heute.) Es gab Blogger, aber die machten meistens was mit Mode oder Beauty oder Kochen. Handwerkerinnen gab es online überhaupt nicht. Ich postete also auf Facebook Bilder von meiner Arbeit. Von Bädern, die ich saniert hatte, und von Heizungen, die ich eingebaut hatte. So verbrachte ich meine Freizeit.

Viel hatte ich davon ohnehin nicht. Ich machte meine Lehre, ich baute Bäder und ich hatte mein Pferd, dazu immer mal wieder einen Modeljob. Langweilig wurde es da nicht.

NEUE JOBMÖGLICHKEITEN UND EIN „SPINN HIER NICHT RUM!"

Aber natürlich war ich auch eine junge Frau, die mit ihren Freunden ab und an mal feiern und tanzen wollte. An den Wochenenden waren wir oft im „Kuhrausch", das war eine Diskothek auf einem Bauernhof. Wir wussten, es waren zwei Brüder, die den Klub betrieben. Neben der Landwirtschaft hatten sie einfach eine Diskothek auf ihr Hof-Anwesen gebaut und traten inzwischen auch als Sänger auf. Oder na ja, als Mallorca-Künstler – denn ob man jeden Ballermann-Barden als Sänger bezeichnen kann, das sei mal dahingestellt.

Schnell wurden die beiden in unserer Region sehr bekannt. An Selbstbewusstsein fehlte es den beiden nicht. Sie trugen ständig grelle, gelbe Gummistiefel zu Designer-Anzügen und nannten sich „Die Discobauern". Für uns Dorfmädchen waren das Stars. Wir lebten ja nicht in Berlin, wo man an jeder Pommesbude drei Schauspieler traf.

An einem Abend waren wir mal wieder im „Kuhrausch", als die beiden zu ihrem Auftritt auf ihrer Bühne an mir vorbeigingen.

Da sagte einer der beiden plötzlich: „Dich kenne ich doch aus der Zeitung. Bist du nicht das Klempnermodel?" Klempnermodel, das hatte ich noch nie gehört und lächelte etwas verlegen.

„Kommt doch nach dem Auftritt noch in die VIP-Lounge."

Das hörte sich erst mal gut an, aber auch ein bisschen flirty.

Also sagte ich: „Ja, ich muss aber erst meinen Freund holen!"

Er antwortete: „Klar, bis später!"

Na dann, dachte ich, super. Der ist einfach nur nett. Nach dem Auftritt ging ich also mit meiner Freundin Sarah und meinem Freund Jan in die VIP-Lounge. Die lag in der zweiten Etage der Diskothek. Einfach am Türsteher vorbei, die Treppe rauf. Von oben konnte man durch große Glasscheiben auf die feiernden Leute auf der Tanzfläche schauen. So was kannte ich bislang nur aus Filmen. Zugegeben, ich war ein wenig beeindruckt. Nicht davon, dass ich in der VIP-Lounge war oder dass hier mehr Champagnerflaschen kreisten als es Kühe in meinem Dorf gab (und das waren viele, nur fürs Protokoll). Was mich am meisten faszinierte, war das Selbstbewusstsein der beiden Discobauern. Sie hatten mit Anfang 20 den Hof ihres Vaters übernommen, der leider plötzlich an einem Herzinfarkt gestorben war. Und da es nur ein kleiner Betrieb war, haben sie als zusätzliche Einnahmequelle einfach eine Diskothek auf den Dachboden des Stalls gebaut. Klingt easy, muss man aber erst mal machen. Sonst gäbe es ja auf jedem Dorf drei Scheunendiscos, die immer voll wären. Der nette Discobauer, der mich unten angesprochen hatte, kam auf mich zu und begrüßte uns. Ich stellte Sarah vor und natürlich auch meinen Freund Jan. Er bot uns etwas zu trinken an.

Das war alles ziemlich neu und spannend für mich, also platzten einige der Fragen, die in meinem Kopf herumschwirrten, direkt aus mir heraus: „Hast du keine Angst, wenn du auf die Bühne gehst?“ war eine davon. Wahrscheinlich, weil ich selbst mir das das gar nicht vorstellen konnte, vor tausend Leuten zu singen.

Er setzte sein Bier ab, lächelte und sagte: „Angst habe ich nur vor dem lieben Gott!“

Das klang irgendwie ein bisschen arrogant, und ich zweifelte daran, dass dieser Typ, der in Gummistiefeln und Anzug zwischen seiner eigenen Disco und Schlagerbühnen auf Mallorca pendelte, jeden Tag zwanzig Vaterunser runterbetete. Aber er strotzte eben auch vor Selbstbewusstsein.

Jahre später ergänzte er seine Aussage übrigens. Wenn man ihn heute fragt, sagt er: „Angst habe ich nur vor dem lieben Gott und dem Finanzamt.“

Wobei ja viele sagen, da gibt es keinen Unterschied.

Die beiden Discobauern waren damals oft im TV zu sehen. Die Medien begleiteten zwei Landwirte, die auch noch auf Mallorca sangen, natürlich gerne. Es war eine exotische Geschichte, die es nicht häufig gab. Und auch an diesem Abend war ein TV-Team vor Ort. Der Redakteur sprach mich an und fragte, ob ich nicht beim „Aschenputtel-Experiment“ mitmachen wollte. Das Konzept war einfach: Eine Frau aus eher ärmlichen Verhältnissen tauschte für eine Weile ihr Leben mit einem It-Girl, also mit einer reichen, bekannten Person. Meine erste Reaktion war: Nee, lass mal lieber, Fernsehen ist nicht so meine Welt. Aber der Redakteur blieb hartnäckig und sagte, es würde 1.500 Euro Gage geben, ich solle mir das doch noch mal überlegen. Und was soll ich sagen ... Geld regiert eben doch ein bisschen die Welt. 1.500 Euro, das waren mehr als vier volle Monatsgehälter als Lehrling. Und zufällig der Preis meines neuen Traumsattels. Ein paar Tage lang das naive Mädchen spielen, das vor ganz viel Reichtum ins Staunen gerät, und dafür dann den Sattel kaufen können? Da kam ich ins Grübeln.

Trotzdem blieb ich skeptisch: „Ihr sucht doch nur jemanden, den ihr dumm dastehen lassen könnt", sagte ich.

Genau in dem Moment mischte sich zum Glück der nette Discobauer ein. Der hatte natürlich auch einen Namen. Er hieß Marc. Und um es erst mal unromantisch vorwegzunehmen: Marc ist heute mein Ehemann. Damals war das natürlich nicht absehbar, immerhin war ich mit meinem Freund da, und der Discobauer hatte doch bestimmt auch eine Freundin.

Marc jedenfalls sagte: „Sandra, jedes Format bietet dir eine Plattform, egal worum es geht. Entscheidend ist, was du daraus machst, und das liegt ganz allein an dir. Ich glaube ganz fest, dass du das rocken würdest!"

Zeitgleich rockte allerdings noch jemand. Und zwar mein Freund Jan. Aber von rechts nach links und zurück. Er war nicht mehr in Feierlaune. Ihm gefiel das alles gar nicht.

„Sandra will nicht ins Fernsehen, Sandra ist Handwerkerin", sagte er.

War er jetzt mein Pressesprecher geworden? Schnell verabschiedeten wir uns, und ich fuhr mit Jan und Sarah nach Hause. Der Haussegen hing etwas schief. Aber ich wollte das nicht in einer Feiernacht klären. Am nächsten

Tag, es war Sonntag, stritten wir dann aber heftig. Ich könne selbst entscheiden, was ich will, teilte ich ihm mit.

„Du gehörst nicht ins Fernsehen!", erwiderte er.

Da waren wir wieder. Jan gab mir das Gefühl, jeder Schritt heraus aus meinem Alltag zwischen Badbau und Berufsschule sei schlecht für mich. Würde mich in eine Welt führen, in die ich nicht gehörte und die mich überforderte.

Nach unserem Streit fuhr er wutentbrannt von dannen.

Am nächsten Tag ging ich wie gewohnt zur Arbeit. Herr Lochmann und ich fuhren zu einem Kunden in den Nachbarort. Eigentlich war es ein Arbeitstag wie jeder andere. Schon fast angekommen, sah ich dann aber plötzlich das Auto von Jan. Es stand ausgerechnet vor Melanies Haus.

Ich fühlte mich, als hätte mich eine Abrisskugel erwischt. Melanie war eine von den Mädels aus unserer Clique. Sie war Reiterkollegin, und inzwischen auch Freundin, dachte ich. Wir feierten zusammen Geburtstag, an den Wochenenden gingen wir zusammen schwimmen. Sofort wurde ich kreidebleich. Aber ich wollte mir nichts anmerken lassen, schließlich saß ich neben meinem Chef im Bulli, und der Arbeitstag hatte gerade begonnen. Also versuchte ich, runterzukommen und mich auf die Werkzeuge zu konzentrieren. Der Kunde sollte nicht darunter leiden, dass bei mir gerade das Privatleben in Scherben lag.

In der Frühstückspause schrieb ich Jan an. Ich wollte wissen, was er bei Melanie machte.

Er stritt erst mal alles ab. Wie Melanie? Er wäre bei keiner Melanie!

Aber hallo, ließ ich ihn wissen: Ich arbeite ein paar Häuser weiter die Straße runter bei einem unserer Kunden, und dein Auto erkenne ich noch so gerade.

„Lass uns in der Mittagspause reden", schrieb er.

Wenn wir nicht allzu weit weg waren, fuhr mein Chef in der Mittagspause immer nach Hause, um bei seiner Frau zu essen. Ich ließ mir inzwischen meine Brote schmecken. Doch heute brachte ich keinen Bissen runter, denn Jan kam dazu. Seine Taktik war, zu behaupten, wir hätten gestern ja Schluss gemacht.

Ich war entsetzt: „Was? Wir haben gestritten!"

Das wusste auch Jan. Von Schlussmachen hatte keiner etwas gesagt. Aber gehandelt hatte er trotzdem so, als wäre er Single: „Ich bin danach zu Melanie gefahren. Es war ein Ausrutscher. Es tut mir leid!"

Aber da war er bei mir an der falschen Adresse. Es tat ihm leid, ja klar. Dann springt man halt drei Minuten nach einem Streit mit seiner Freundin mal kurz ins Bett mit einer anderen – passiert ja in den besten Familien. Wer kennt es nicht? Da ist man traurig, weil man sich mit seiner großen Liebe gestritten hat, und denkt sofort: Am besten fahre ich mal zu einer anderen und bleibe über Nacht! Was dachte er sich eigentlich? Wegen jeder Kleinigkeit hatte er Angst, betrogen zu werden, und hielt mich deshalb immer klein: Ich würde als Model nicht glücklich werden, ich würde im Fernsehen nicht glücklich werden. Ich sollte am besten nur Stemmeisen durch Badezimmer schleppen, gut dabei aussehen und ansonsten den Mund halten. Er war es doch, der immer versucht hatte, mir jeden Modeljob auszureden, weil er panische Angst hatte, ich würde jemand anderen kennenlernen!

Und jetzt hatte letztendlich er mich betrogen. Und das auch noch mit einer Freundin. Heulend sprang ich aus dem Auto, die Mittagspause war vorbei, im wahrsten Sinne des Wortes. Also schnell die Tränen aus dem Gesicht gewischt. The show must go on. Den ganzen Nachmittag arbeitete ich wie besessen mit meinem Chef. Ich wollte mich ablenken und mir nichts anmerken lassen.

Das waren die schwersten Stunden meines Lebens, bis heute. Mit einer solchen Enttäuschung hatte ich nicht gerechnet. Am Abend schrieb Jan mich mehrfach an. Aber ich reagierte gar nicht mehr. Ich würde mich nicht mehr von anderen fremdbestimmen lassen. Schon gar nicht von Fremdgehern, die sich in den Betten meiner Freundinnen vergnügten.

ABENTEUER IN MARBELLA

Dafür zahlte ich einen hohen Preis. Denn mit der Trennung hatte sich auch mein großer Freundeskreis in Luft aufgelöst. Es war Jans Clique, in die ich damals aufgenommen wurde. Entsprechend war ich jetzt auf mich allein gestellt. Sarah war mit ihrem Studium beschäftigt und hatte deshalb auch wenig Zeit. Also arbeitete ich und hielt mich den Rest meiner Zeit vornehmlich bei meinem Pferd auf.

Jan blieb hartnäckig und schrieb immer wieder und wieder. Und irgendwie war ich damals doch noch nicht stark genug für die letzte Konsequenz: hart zu bleiben, auch wenn es für eine lange Zeit schwierig werden würde. Denn natürlich fühlte ich mich allein. Einsam. Gekränkt. Verlassen. Daher schaffte Jan es irgendwann, mich einzulullen. Ich wollte nicht mehr isoliert sein, also beging ich einen der größten Fehler meines Lebens.

Ich ging zurück in die Beziehung mit ihm. Ich verzieh ihm. Ich ließ ihm diesen unglaublichen Vertrauensbruch durchgehen. Wir feierten sogar Silvester zusammen, bei Melanie – rückblickend Wahnsinn! Am liebsten würde ich mich jetzt noch dafür ohrfeigen. Wie einsam muss man sein, um diesen Schmerz zu ertragen! Ich zog wieder bei Jan ein, aber nach unserer Trennung war es irgendwie anders. Es war nicht mehr so wie vorher, als ich von Liebe gesprochen hatte. Das hier war etwas anderes, und es fühlte sich nicht gut an.

Irgendwann, ich war gerade bei der Arbeit, schrieb der Discobauer Marc mich plötzlich wieder an. Er wollte wissen, ob ich mich entschieden hätte. Ich wusste nicht, was er meinte.

„Wie, entschieden?“ fragte ich zurück.

Er antwortete, ob ich ihn heiraten wolle oder nicht. Plump, aber wirksam, denn ich musste lächeln. So viel Arroganz, aber auch so ein gigantisches Selbstbewusstsein, das hatte ich noch nie erlebt. Das wollte ich mir aber nicht anmerken lassen, also schrieb ich nur ein lapidares „Nein“ zurück. Das konnte ja alles heißen. Nein, ich habe mich noch nicht entschieden. Oder: Nein, ich möchte dich nicht heiraten. Das konnte er auslegen, wie er wollte. Er schrieb daraufhin aber, natürlich meine er, ob ich mich entschieden hätte, beim Aschenputtel-Experiment mitzumachen oder nicht. Ach so, dachte ich. Dieses Fernseh-Ding. Das hatte ich schon längst verdrängt. Marc sprach mir Mut zu. Er glaubte an mich, das spürte ich irgendwie. Also dachte ich den Rest des Nachmittags während der Arbeit gründlich nach und sagte am Abend zu. Aus drei Gründen:

1. Von dem Geld konnte ich mir meinen Sattel kaufen.
2. Marc glaubte an mich und hatte mir Mut gemacht.
3. Jan sollte die Lektion lernen, dass ich mich von ihm nicht länger kleinmachen ließ.

Also schrieb ich Marc, ich sei dabei.

„Klasse“, antwortete er, „soll ich mitkommen, das Brautkleid aussuchen?“

Haha. Dieser Marc war nicht nur ein Discobauer, der mit Gummistiefeln und Anzug durch seine Disco stolzierte. Er war auch lustig. Er brachte mich zum Lächeln, das war schon eine Leistung, so wie es mir gerade ging. Aber das sagte ich ihm nicht.

Ich schrieb zurück: „Nee, du Scherzkeks, beim Aschenputtel-Experiment!"

Marc sprach mir noch etwas Mut zu und hatte mich damit mit ein paar Textnachrichten im Grunde mehr supportet als mein eigener Freund in all den Jahren. Er meinte, er freue sich und dass ich das super meistern würde. Außerdem könne ich mich bei Fragen immer melden.

Auch Jan machte natürlich sofort mit. Nicht, weil er Bock hatte oder weil er mich nun besser einschätzen konnte, mehr respektierte oder weniger besitzergreifend war. Nein. Einfach, weil ihn sein schlechtes Gewissen plagte.

Und so wagte ich einige Tage später meine ersten Gehversuche im TV beim Aschenputtel-Experiment. Ich, das Mädchen aus vollkommen normalen, einfachen Verhältnissen, das in ihrem Beruf schon mehr Klo-Verstopfungen beseitigt hatte als Kuchen gebacken, sollte mit einem It-Girl aus Marbella für zehn Tage das Leben tauschen. Das gab mir schon zu denken. Ich habe mich nie arm oder weniger wertvoll gefühlt und finde noch heute, man braucht sich mit Sicherheit nicht zu schämen, wenn man beruflich Toiletten repariert oder Bäder baut.

Aber die Gage war natürlich schon verlockend. In meiner Ausbildung als Klempnerin verdiente ich 350 Euro im Monat, und für zehn Tage sollte ich nun 1.500 Euro bekommen. Das war ein halbes Vermögen für mich. Das Geld, das ich mir immer dazuverdient hatte, indem ich neben der Schule Zeitungen austrug, Ställe ausmistete und Pferde putzte, war ja bereits investiert. Den großen Traum vom eigenen Pferd hatte ich mir erfüllen können. Was fehlte, war der Sattel. Also hieß es entweder wieder einige Monate sparen – oder für zehn Tage nach Marbella und das Aschenputtel fürs Privatfernsehen geben.

Die Entscheidung war gefallen. Ich hatte Ja gesagt und flog kurz darauf tatsächlich nach Marbella. Es war kein Projekt, das mich so reizte und faszinierte wie ein großer Modeljob, aber ich flog mit der schönen Gewissheit, dass ich mir meinen Wunschsattel kaufen konnte, wenn ich wieder zurück war. Marbella, TV-Teams, auch das war natürlich eine Welt, die ich vorher nicht kannte. Ich vergesse nie, wie ich am Flughafen den Zettel mit dem Wort „Marbella" in die Kamera vorlesen sollte. Ich kannte Marbella nicht, also las ich es so vor, wie es geschrieben wurde. Was hat der versnobte Redakteur gelacht. Das Dorfmädchen kannte nicht mal Marbella.

Letztes Jahr während der Fashion Week Berlin habe ich ihn übrigens wiedergetroffen. Im Blitzlichtgewitter auf dem Red Carpet vor der Show von Riani Fashion. Da tauchte er plötzlich unter den Hunderten Medienvertretern auf und wollte ein Interview mit mir. Da habe dann ich gelacht und bin weitergegangen. Direkt einen Redakteur weiter, zu seiner Konkurrenz. Man sieht sich im Leben immer zweimal, heißt es ja. Und oft stimmt das.

Aber zurück zum Anfang. In Marbella gelandet, stand ich mit dem Kamerateam am Flughafen, und besagtes It-Girl sollte mich dort abholen. Zuerst lief sie an mir vorbei. Sie suchte wohl ein ungepflegtes, ärmliches Mannsweib, der man ansah, dass sie als Klempnerin arbeitete und die jedes Klischee bediente. Ein kurzhaariges, kleines, verlorenes Ding, das aussah, als hätte sie sich vor dem Abflug noch schnell mit ein paar Litern Abwasser eingerieben – so stelle ich es mir jedenfalls überspitzt vor.

Ich rief ihr hinterher: „Huhu, hier bin ich!"

Als sie mich entdeckte, war es bei ihr mit der guten Laune vorbei. Ihr Plan war wohl gewesen, sich als Model neben einer grobschlächtigen Handwerkerin vor einem großen Fernsehpublikum perfekt in Szene zu setzen und so die Sympathie auf ihre Seite zu ziehen. Aber was soll ich sagen ... Ihr Plan ging nach hinten los.

Beim von ihr organisierten Strand-Shooting sah ich richtig gut neben ihr aus. Die zwei Millionen Zuschauer fanden plötzlich mich sympathisch und nicht das verwöhnte It-Girl. Außerdem wurden Model-Agenturen auf mich aufmerksam. Ein TV-Projekt, das ich ohne den Discobauern Marc vermutlich sofort abgesagt hätte, wurde somit die Wiege meiner Modelkarriere. Nach der Ausstrahlung häuften sich die Bookings.

Jeden Abend erkundigte sich Marc bei mir, wie der Tag gelaufen war. Er fühlte sich wohl ein wenig mitverantwortlich, dass ich überhaupt zugesagt hatte. Ich begann, ihm zu vertrauen, und teilte ihm meine Unsicherheiten mit. Aber er bestätigte mich immer und immer wieder. Er war das Gegenteil von Jan. Er sah meine Talente, meine Möglichkeiten und mein Potenzial: „Sandra, du bist ein wundervoller Mensch. Du bist eine talentierte Handwerkerin und ein perfektes Model. Du musst nur damit anfangen, selbst an dich zu glauben. Guck mich an. Ich habe diese Talente nicht. Ich kann nicht singen und bin trotzdem bei RTL ZWEI in der Ballermann-Sendung. Weißt du warum? Weil ich an mich glaube! Stell dir mal vor, ich könnte so gut singen, wie du aussiehst! Dann würde ich schon Stadien füllen. Du kannst das schaffen! Du wirst das schaffen!"

Es tat gut, jemanden zu haben, der mir Mut machte, der mich für etwas Besonderes hielt.

Irgendwie wurde Marc in dieser Zeit zu einer Art Fernmentor für mich. Dank ihm meisterte ich die Tage in Marbella mit voller Motivation und einer großen Portion neuem Selbstvertrauen.

Nach einigen Tagen Dreharbeiten ging es zurück in mein echtes Leben. Am Flughafen Düsseldorf wartete Jan schon auf mich. Er war ja auch Teil des Projekts und hatte die letzten zehn Tage lang meine Format-Partnerin, das It-Girl Vanessa, bei sich wohnen gehabt. Sie hatte ja meinen

Platz eingenommen und auch mit meinem Chef Bäder bauen müssen.

Aber Jan hatte nur ein Thema: Das sollte etwas Einmaliges gewesen sein, und ich sollte mich jetzt schnell wieder auf meine Arbeit als Handwerkerin fokussieren.

Das sah ich anders: „Ich kam super an, der Redakteur will noch mal mit mir drehen!"

Die Situation war unangenehm, aber sie hatte auch etwas Gutes. Denn ich spürte sofort: Jans verletzende Worte berührten mich nicht mehr. Seine Macht über mich war verblasst. Marbella hatte mich selbstbewusster gemacht. Dort war ich in einer völlig fremden Umgebung mit völlig fremden Menschen in einem mir völlig fremden Job auf mich allein gestellt gewesen und hatte all das gut gemeistert.

Im „Kuhrausch" war abends Party, und wir fuhren natürlich hin. Marc entdeckte mich im Getümmel, bahnte sich seinen Weg zu mir und sagte: „Na, du Superstar!"

Er war stolz auf meine Leistung. Ganz anders als mein eigener Freund. Aber um genau den, Jan, nicht zu provozieren, beendete ich das Gespräch schnell.

Über die nächsten Monate veränderte ich mich weiter, die Arbeit lief super und auch die Modeljobs wurden mehr und mehr. Nur die Beziehung mit Jan war mittlerweile eher zur Belastung geworden. Ich erinnere mich, dass ich mich nicht mehr unwohl fühlen wollte und mein Leben in meine eigenen Hände nehmen wollte.

Also traf ich eine Entscheidung für mich und mein Wohlbefinden und beendete die Beziehung. Es gab viele Gründe dafür, aber vor allem konnte ich einfach nicht mit einem Mann zusammenleben, der nicht an mich glaubte und mich einengte.

DIE GROSSE LIEBE

Als im Sommer 2013 die Ausstrahlung des Aschenputtel-Experiments anstand, schrieb mir Marc, nächste Woche würde ich im TV zu sehen sein. Er schlug vor, wir sollten doch alle zusammen bei ihm auf der Leinwand schauen, ich dürfe Jan und Sarah natürlich auch mitbringen. Ich hielt mich erst mal bedeckt und ging letztendlich mit Sarah hin. Dass Jan und ich seit Wochen getrennt waren, behielt ich erst mal für mich. Mit etwa 20 Leuten schauten wir die Sendung. Alles Bekannte von den Discobauern. Später sagten wirklich alle, ich hätte mich sehr gut geschlagen und alles super gemacht. Dabei hatte ich eigentlich gar nichts gemacht. War einfach nur so geblieben, wie ich war.

„Du wirst noch berühmt!", sagte Marc.

Obwohl das nie mein Ziel war, schmeichelte es mir, dass er das glaubte.

Am nächsten Tag bekam ich eine Anfrage von einer Model-Agentur. Die hatten mich im Fernsehen gesehen. Das kann ja nur ein Fake sein, dachte ich.

Ich schickte die Anfrage an Marc und schrieb: „Schau mal, ich bin berühmt, du hast recht gehabt!" Natürlich mit einem lachenden Smiley versehen.

Er schrieb zurück, ich müsse da unbedingt hin, das wäre echt, die Agentur gäbe es wirklich. Wenn ich Spaß am Modeln hätte, dürfe ich mir die Chance nicht entgehen lassen. Und ja, ich hatte inzwischen Spaß daran gefunden. Ich wollte der Welt ja beweisen: „Schaut hin, ich bin weiblich, attraktiv und trotzdem eine gute Handwerkerin!"

Und das ging natürlich sehr viel besser, wenn man überall an den Bushaltestellen hing und von großen Werbekampagnen lächelte.

Und so beschloss ich, nach Köln zu dieser Model-Agentur zu fahren. Marc fragte, ob er mitkommen sollte. Und irgendwie fühlte es sich für mich gut an, ihn mitzunehmen. Er holte mich in einem grünen Sportwagen ab. Ich hatte eine Tasche mit High Heels und Nude-Unterwäsche gepackt und ging zum Kofferraum.

„Nee, nee, die kommt vorne rein!", lächelte er.

Vorne war der Kofferraum. Er sprang aus dem Auto, nahm mir die Tasche ab und öffnete mir die Beifahrertür. Zusammen cruisten wir nach Köln.

Er gab mir noch einen Tipp mit auf den Weg, als wir da waren: „Wenn du da gleich reingehst, sei einfach du selbst und selbstbewusst, auf dem Catwalk Näschen hoch und arrogant schauen. Das wird!"

Ich wusste inzwischen schon selbst, wie man als Model perfekt performt, aber es gefiel mir, wie er mir Mut machte und es mir nicht ausreden wollte.

Das Casting lief super, ich wurde in die Model-Kartei der Agentur aufgenommen. Auf dem Rückweg fuhren wir noch in ein Restaurant.

Marc malte mir meine Karriere aus: „Du läufst bald auf der Fashion Week", sagte er mit großer Überzeugung. Er glaubte so fest daran, dass ich es schon fast selbst glaubte.

Und dann kam auch die Frage der Fragen: „Warum hast du eigentlich deinen Jan nicht mitgebracht?"

Sehr schlau eingefädelt, dachte ich. Immerhin war sein Sportwagen ein Zweisitzer – wo hätte Jan sitzen sollen? De facto hatte er also nie angenommen, dass Jan mitkommen würde.

Ich sagte es, wie es war: „Wir haben uns getrennt. Ich will erst mal keinen neuen Mann, ich bin echt bedient!"

Er sagte, er verstehe das. Aber das kurze, zufriedene Lächeln, das über sein Gesicht huschte, war mir nicht entgangen.

Er brachte mich nach Hause, und über WhatsApp blieben wir sporadisch im Kontakt. Wochen vergingen, und wir hörten kaum noch etwas voneinander.

Ich hatte einen Modeljob auf Mallorca und flog gemeinsam mit Sarah hin. Nach dem Shooting gingen wir in den „Bierkönig“, um meinen Geburtstag zu feiern. Es war der 03. Juli 2014, und ich wurde 22 Jahre alt.

Wir standen mitten im Lokal an den berühmten Fässern und feierten bei Wodka Red Bull ausgelassen uns selbst, als mich plötzlich jemand von hinten an der Schulter packte: „Hey, verfolgst du mich? Du bist doch wohl keine Stalkerin?“

Es war Marc. 2.000 Kilometer von meinem Heimatdorf entfernt stand hier plötzlich mitten in diesem Trubel der Discobauer. Er hatte gerade mit seinem Bruder einen Auftritt auf der Insel gehabt. Was für ein saudummer Spruch, dachte ich und wollte gerade zum Angriff ausholen, da küsste er mich schon. Ich war total überrumpelt.

„Happy Birthday!“, sagte er und zog mich an meiner Hand zum DJ-Pult: „Hier unten wird man ja totgetreten.“

Wir feierten die ganze Nacht und verabredeten uns für den nächsten Tag am Strand. Ohne es wirklich zu merken oder offiziell zu besprechen, waren wir plötzlich ein Paar. Die kommenden drei Tage verbrachten wir zusammen auf der Insel, bevor es wieder nach Hause ging. Ich war superglücklich. Es fühlte sich sehr richtig und gut an.

Jahre später habe ich ihn mal gefragt, seit wann er davon ausgegangen war, dass wir ein Paar werden. Wann er sich in mich verliebt hätte. „Am ersten Abend, als du in die VIP-Lounge kamst“, sagte er.

„Aber da war ich doch noch mit Jan zusammen.“

Er lächelte und sagte: „Ja, das stimmt, aber ich habe da bereits gedacht, ach du bist also Jan, der Ex-Freund!“

Da war es wieder, sein unerschütterliches Selbstbewusstsein. Er denkt, er bekommt einfach immer, was er will. Dieses Selbstbewusstsein hatte mich magisch angezogen. Und diese überbordende Sicherheit bezog sich nicht nur auf ihn selbst, sie wurde auch zu meiner Stärke. Er sagte mir täglich, dass ich alles schaffen konnte. Ich sei die hübscheste und begabteste Frau, die er kenne. Ich sei ein Ausnahmetalent. Es tat so gut, das zu hören. Es war wie Balsam nach den zahllosen Jahren des Mobbings.

NOCH MAL GANZ VON VORNE ANFANGEN

Im Spätsommer darauf war ich im dritten Lehrjahr bei Herrn Lochmann als Anlagenmechanikerin SHK. Nebenher wurden aber auch die Modeljobs immer mehr und Marc unterstützte mich dabei. Er fuhr mich hin, er schrieb die Rechnungen und handelte die Gagen aus. Er war mein Partner in allen Lebenslagen. In der Liebe wie im Beruf. Er war meine große Liebe und mein idealer Manager, und das ist er heute noch. Unser Leben schien perfekt zu sein. Wir dachten schon darüber nach, ob ich bei ihm einziehen sollte, denn er hatte eine wirklich schmucke Wohnung auf dem Bauernhof, gleich neben der Diskothek. Da könnten wir es uns sicher schön machen.

Aber es kam anders. Ich weiß es noch genau. Es war ein Samstag, und es war wieder Party im „Kuhrausch". Nach einem anstrengenden Modeljob fuhr ich abends zu ihm und freute mich auf etwas Ablenkung und Spaß. Aber an jenem Samstag wurde nicht nur gefeiert. Das Finanzamt war da. Betriebsprüfung. Gearbeitet hatten Marc und sein Bruder immer viel, aber Steuerexperten waren sie nie gewesen. Buchführung kostete nur Zeit, brachte aber kein Geld – das war ihr verhängnisvolles Motto gewesen. Auch ihre Mutter sah sie am liebsten draußen arbeiten und nicht am Schreibtisch Finanzunterlagen zusammenstellen.

Marc und sein Bruder machten lieber aus alten Scheunen Lagerhallen und richteten eine Einliegerwohnung her, die sie später vermieten konnten, als Quittungen zu sortieren. Handschriftlich führten sie ein Kassenbuch und stellten gar nicht infrage, ob das so ausreichte. Buchführung war auf dem Hof nie ein großes Thema. Kleine Betriebe wurden damals pauschal versteuert, das machte ein Berater der landwirtschaftlichen Buchstelle, und so hatten auch Marcs Eltern nie viel mit Buchführung zu tun gehabt.

Wenn man aber ein Kassenbuch handschriftlich führt, nachts nach einem riesigen Event, nachdem man vielleicht schon ein paar Gläschen Champagner getrunken hatte, schleichen sich auch mal Fehler ein. Und die zu entdecken, das war eben die Aufgabe des Finanzamts. Busfahrer fahren Busse, Prüfer vom Finanzamt müssen Fehler finden, das ist ihr Job und das ist auch in Ordnung, das sagt Marc bis heute.

Blöd ist nur, dass das Finanzamt oft am längeren Hebel sitzt. Wenn die Beamten Fehler entdeckten, dürfen sie einfach schätzen. Und das machten sie. Am Ende wollten sie von Marc und seinem Bruder mehr, als überhaupt jemals verdient worden war.

Marc war nicht dumm und auch nicht untätig, also war seine erste Konsequenz: keine Barkasse mehr. Schluss mit Disco und Getränkeverkauf am Abend. Die Räumlichkeiten wurden an die Gemeinde vermietet. Klare Strukturen, klare Geldflüsse, alles gut dokumentiert. Wenn das Geld aber plötzlich knapp wird, kann auch das Betriebsklima in einer Familie schlecht werden. Wer hat Schuld? Bei wem liegt der Fehler? War nicht reichlich Geld da gewesen? Das konnte doch nicht über Nacht alles weg sein, nur weil das Finanzamt die Hand aufhält. Am Ende hatten sich alle überworfen und es hätte niemanden glücklich gemacht, wenn unter diesen Umständen weiterhin alle zusammen auf diesem Hof leben würden. An allen Ecken und Enden musste improvisiert werden, um den Schaden zu begrenzen.

Damit war es auch mit der hübschen Wohnung vorbei, die unser Nest hätte werden können. Die Mieteinnahmen flossen weiter in den Hof, einige Ländereien mussten verkauft werden, um die überzogene Forderung vom Finanzamt zu bedienen, und Marc hatte plötzlich sehr viel Freizeit. Der Klub war vermietet, seine Einnahmequellen weg, dazu standen noch diverse Zahlungen ins Haus.

„Sandra", sagte er, „ich muss noch mal ganz von vorne anfangen."

Ich weiß nicht, ob er damals Angst hatte, ich würde ihn verlassen. Das war aber nie ein Gedanke von mir. Ich liebte die Person, nicht sein Bankkonto. Für mich war seine neue Situation kein Problem. Ich war es gewohnt, mit wenig Geld auszukommen. Ich brauchte auch keinen Sportwagen, ich hatte meinen kleinen Polo.

Ihm fiel das alles anfangs sehr schwer. Das, was sein Bruder und er sich aufgebaut hatten, war plötzlich zerstört. Sein Leben auf der Überholspur des Erfolgs hatte ein jähes Ende gefunden. Die Plattenfirmen zogen sich von den Discobauern zurück, denn mit dem Finanzamt wollte niemand etwas zu tun haben.

An manchen Tagen hatte ich das Gefühl, er hätte am liebsten die Beziehung beendet, um mir das Leid – denn er empfand die Situation als leidvoll – zu ersparen. Ich entwickelte in dieser Zeit eine völlig neue starke Seite an mir. Ich hatte von meinem Onkel das Angebot bekommen, in seinem Ferienhaus zu wohnen, das er kürzlich in meinem Wohnort gekauft hatte, wenn ich es als Gegenleistung für ihn renovierte. Es stimmte also vielleicht doch: Wenn eine Tür sich schloss, öffnete sich doch eine neue.

Marc und ich zogen zusammen ins Haus meines Onkels. Marcs Sportwagen war schon lange weg, also kaufte er einen gebrauchten Ford Focus für 700 Euro. Mit seinem Ford und meinem alten Polo standen wir jetzt vor einem alten kleinen Ferienhaus. Champagner und VIP-Lounge, das war vorbei. Was blieb, war unsere Liebe und dass wir aneinander glaubten. In zehn Jahren, das sagten wir scherzhaft, sind wir Millionäre.

„Aber nie wieder eine Barkasse", lächelte Marc verlegen.

Ich ging weiterhin als Anlagenmechanikerin arbeiten, und auch Marc fand schnell einen Job. Er arbeitete für einen befreundeten Manager und organisierte Autogrammstunden-Touren für Künstler. Außerdem arbeitete er als Messe-Aufbauhelfer für einen Bekannten. Es gab nicht viel Geld, und die Arbeit war hart. Wir waren wie Berlin unter Klaus Wowereit: arm, aber sexy. Und vor allem: arm, aber glücklich. Geld ist ein schöner Luxus, aber Liebe ist unbezahlbar. Finanziell war es unsere schwerste Zeit. Ich war im dritten Lehrjahr, verdiente 800 Euro und zusätzlich etwas Geld mit Modeljobs. Marc verdiente 100 Euro brutto am Tag, wenn er mit den Künstlern unterwegs war. Das Geld stecken wir größtenteils in die Renovierung, und vom Rest kauften wir das Nötigste, hauptsächlich Essen. Diese Zeit hat mir viele wichtige Lektionen erteilt. Aber auch ein unzerstörbares Band zwischen Marc und mir erschaffen.

Trotzdem kann ich euch aus dieser Zeit eines sagen: Arm sein ist scheiße. Es fängt schon im Supermarkt an. Du musst immer nach den Angeboten suchen und hoffen, dass das Wichtigste nicht zu teuer ist. Toastbrot schmeckt auch, aber wer so viel arbeitete wie wir, sollte der nicht auch mal Kuchen essen dürfen? Wenig Geld zu haben limitiert dich extrem. Im Restaurant schaust du nicht, was schmeckt mir, sondern was ist halbwegs bezahlbar.

Wir haben uns abends zum Beispiel oft die billige Lasagne vom Discounter gekauft. 2,99 Euro, den Preis werde ich nie vergessen. Die haben wir meist gedrittelt. Ein Drittel aß Marc, ein Drittel aß ich, und ein Drittel habe ich am nächsten Tag zur Arbeit mitgenommen.

Aus heutiger Sicht kann ich nur sagen: 5.000 Euro netto als Pärchen im Monat sollte jeder unbedingt anstreben.

Das soll nicht überheblich klingen, und man kommt auch mit sehr viel weniger aus, da können gerade wir ein Lied von singen. Aber wir haben auch am eigenen Leib gespürt: Von null Euro im Monat bis 5.000 Euro steigt das Glücksgefühl überproportional. Alles darüber hinaus ist schön, aber totaler Luxus.

In einen Supermarkt zu gehen und das zu kaufen, worauf man Hunger hat, und in einem Restaurant das zu bestellen, was einem schmeckt, ein Auto zu haben, das tadellos funktioniert, und eine Hose zu kaufen, wenn man das möchte, das ist Glücksseligkeit. Dazu einmal im Jahr einen schönen Urlaub, das ist aus meiner Sicht das größte Glück. Darüber hinaus verändert sich nicht mehr viel. Geld war für mich nie wirklich wichtig. Meine Freizeit verbringe ich noch heute gerne am Stall. Das kostet nicht viel. Mir ging es immer darum, was mir Spaß macht. Nicht, womit ich das meiste Geld verdiene. Ein voller Kühlschrank und ein voller Tank, dann bin ich glücklich.

Diese Jahre haben uns aber auch geschliffen. So wissen wir Geld heute sehr zu schätzen. Ich arbeite, seitdem ich denken kann, für andere Menschen. Wenn mein Chef sagt, tu dies, dann tue ich dies. Und wenn er sagt, mach das, dann mache ich das. Ich war das gewohnt, und das ist das berufliche Alltagsschicksal von so vielen anständigen Menschen in diesem Land.

Marc dagegen fiel das sehr schwer.

Er sagte nach jeder Tour zu mir: „Je unbekannter ein Künstler ist, umso arroganter ist er auch!"

Er fuhr die Künstler als Fahrer herum, schleppte ihre Koffer in die Hotels und erfüllte all ihre Extrawünsche. Einmal fuhr er eine Country-Band eine Woche am Stück durch ganz Deutschland, von Autogrammstunde zu Autogrammstunde. Sobald sie nach ein paar Selfies mit Fans wieder im Auto saßen, spielte der Frontman auf seiner Gitarre. Jeden Tag zehn Stunden lang immer wieder die gleichen Lieder. Am fünften Tag hatte Marc dann einen Unfall in einem Parkhaus.

„Da kann sich ja kein Mensch konzentrieren, bei diesem Gejaule", sagte er später zu mir.

Was für mich Alltag war, nämlich Bäder bauen, Toiletten tauschen und dann immer mal wieder als Model arbeiten, das empfand Marc als etwas ganz Besonderes: „Du bist so krass talentiert, du bist wunderschön und handwerklich begabt, Wahnsinn."

Diese Anerkennung von Marc verlieh mir immer mehr Selbstbewusstsein, und das strahlte ich bei meinen Modeljobs aus. Das erkannten auch die Kunden, und so wurde ich immer häufiger gebucht.

Da Marc als mein Geschäftspartner sehr geschickt darin war, eine gute Gage für mich auszuhandeln, waren meine vielen kleinen Modeljobs schon ganz lukrativ. Zum Beispiel wurde ich oft für Show-Rooms gebucht. Das hieß acht Stunden Kleider vorführen, gab aber auch 500 Euro. Für mich damals ein großartiger Tagessatz. Dazu kam mein Gehalt als Lehrling im dritten Jahr und das Geld aus den Jobs von Marc. Dank unserem sehr spartanischen Lebensstil gelang es uns, damit schnell das Ferienhaus meines Onkels zu renovieren. Das hatte er auch bemerkt und entschied sich, es zu verkaufen.

Klar, andere Models können auch Häuser bauen. Aber Luftschlösser lassen sich so schlecht vermieten.

GESELLIN – VON DER BAUSTELLE AUF DIE FASHION WEEK

RENOVIEREN, UM ZU LEBEN

Dieses Gefühl kannten wir ja schon: Wieder standen Marc und ich vor dem Nichts. Und auch dieses Mal hatte das Schicksal eine Lösung parat. Keine luxuriöse oder besonders angenehme, aber eine Lösung. Bei meinen Eltern waren die Mieter aus der zweiten Doppelhaushälfte ausgezogen. Sie hatten die letzten zwanzig Jahre dort verbracht, und die Haushälfte war komplett verwohnt. Nach zwanzig Jahren sieht keine Immobilie mehr besonders taufrisch aus.

Meine Eltern boten uns an, dort einzuziehen und die Doppelhaushälfte nebenher zu sanieren. Also nahmen wir unser 1,40 Meter breites Bett, stellten es in eines der Zimmer des Hauses und fingen wieder an, ein Haus zu sanieren. Keine einfache Aufgabe. Das ganze Haus war eine Baustelle, und Geld war auch keines da.

Doch dann fragte eine TV-Produktionsfirma an, ob sie uns bei der Renovierung begleiten konnten. Sie folgten mir auf Instagram und hatten gesehen, dass wir mit wenig Geld ein Haus renovieren wollten. Marc handelte die Gage aus, und außerdem sollten wir das benötigte Material größtenteils umsonst bekommen. Ich hatte inzwischen meine Lehre bei Herrn Lochmann erfolgreich abgeschlossen und war jetzt Gesellin. An den Wochenenden und in meinen dreißig Urlaubstagen renovierten wir das Haus. Durch die Präsenz im Fernsehen häuften sich auch wieder die Model-Anfragen. Endlich schien es finanziell bergauf zu gehen.

DIE ERSTE FASHION WEEK IN BERLIN

Im darauffolgenden Sommer wagten wir etwas, das die Weichen für unsere Zukunft stellen sollte: Wir fuhren auf eigene Faust zur Fashion Week nach Berlin. Marc hatte bei verschiedenen Model-Agenturen Castings organisiert. Ich war mir sehr unsicher, ob das wirklich eine gute Idee war. Zu dieser Zeit wurde die Fashion Week noch von Mercedes-Benz organisiert, und der Andrang der Models war riesengroß.

Aber Marc sagte: „Du bist die Schönste, du bekommst ganz sicher einen Job auf der Fashion Week."

Er glaubte einfach immer zu 110 Prozent an mich. Das machte mir Mut und stärkte mein Selbstbewusstsein erneut.

In Berlin hatten wir ein günstiges Hotel gebucht. Ein Ibis Budget. In unserem Zimmer befand sich ein kleines Doppelbett, und quer darüber gab es noch ein drittes Bett, an dem man sich beim Aufstehen immer den Kopf stieß. Aber wir waren auch hier glücklich. Den Tank machten wir gleich in Berlin wieder voll, und für jeden Tag hatten wir 40 Euro zurückgelegt. Das musste für Essen und Getränke reichen.

Das erste Casting fand in einem noblen Fünfsternehotel statt. Im Foyer warteten bereits Hunderte Models. Am liebsten wäre ich gleich wieder gegangen. Hätte direkt auf meinem High-Heel-Absatz kehrtgemacht und wäre weggerannt. Aber jetzt gab es kein Zurück. Als ich nach einigem Warten endlich dran war, ging alles ganz schnell. Man kam in einen Raum, vorne saßen der Designer, der Choreograf und zwei weitere Leute. Man ging vor zum Tisch und gab seine Modelmappe ab. Dann schnell am Tisch vorbeilaufen bitte, einmal hoch, einmal runter, danke, wir melden uns.

Und das war's. Ich schnappte mir meine Modelmappe und ging wieder raus.

Draußen hatte Marc inzwischen Kontakt mit zwei Models geknüpft, die eine megalange Casting-Liste hatten. Sie wussten von viel mehr Castings als wir, hatten aber kein Auto. Also bot Marc an: Ich fahre euch überallhin, dafür nehmt ihr Sandra mit zu den Castings.

Und so rauschten wir gemeinsam kreuz und quer durch Berlin, von Casting zu Casting.

Die beiden Models boten mir außerdem an, mit ihnen auf einer Jacht in Dubai Urlaub zu machen. Das wäre ganz umsonst und würde mega Spaß machen. Ich hoffe, ihnen geht es heute gut. Ich habe natürlich abgelehnt. Solche Angebote waren und sind bis heute für mich die Schattenseiten des Modelns: Wenn man nicht aufpasst, wird aus einem Model schnell ein Escort-Girl.

Wie auch immer, auf dem Weg zu unserem letzten Casting qualmte dann plötzlich das Auto. Der Ford Focus war inzwischen auch schon 15 Jahre alt, und wie ich schnell feststellte, war der Kühlerschlauch porös geworden und gerissen. Mit dem Dampf des Autos dampften auch die beiden Models schnell ab, da unser Deal somit hinfällig war.

Und da standen Marc und ich also ganz schön blöd da bei unserem ersten Fashion-Week-Auftritt: mit einem defekten Auto und wenig Geld, ganz allein irgendwo auf einer Straße in Berlin.

Natürlich waren wir keine ADAC-Mitglieder, und eine Werkstatt konnten wir uns mit 40 Euro Tagesbudget ebenfalls nicht leisten. Das Auto stellten wir auf einem Parkplatz ab. Im Kofferraum schlummerte zum Glück meine Werkzeugkiste, also holte ich mir einen Schraubendreher und löste den defekten Kühlerschlauch, nachdem das Auto abgekühlt war.

Spätabends kamen wir nach einem sechs Kilometer langen Fußmarsch durch Berlin wieder in unserem Hotel an. Wir hätten jetzt zwar jederzeit als Touristenführer für die hässlichsten Orte in Berlin anfangen können, waren aber vor allem völlig erschöpft.

Der Vorteil völliger Erschöpfung ist: Man ist auch zu müde zum Essen, somit hatten wir die 40 Euro Budget für diesen Tag gespart.

Am nächsten Morgen kam die E-Mail: Die Designerin Lena Hoschek hatte mir geschrieben. Die Mühe hatte sich gelohnt. Ich war als Model auf der Fashion Week gebucht.

Morgen um zehn Uhr war das Fitting. Das ist die Anprobe der Kleider, die die Models auf der Show tragen sollen. Leider war dieses Fitting am anderen Ende der Stadt. Außerdem mussten wir im Anschluss auch noch irgendwie nach Hause aufs Land kommen. Es blieb uns also nichts anderes übrig: An diesem Tag musste das Auto repariert werden. Wir dachten nach. Meine Idee war, einen Kühlerschlauch vom Schrottplatz zu holen, da bekämen wir sicher einen günstig. Marc telefonierte mehrere Schrottplätze ab. Zum Glück gibt es davon in Berlin mehr als bei uns zu Hause Supermärkte. Er fand schließlich einen Schrotthändler, der einen Kühlerschlauch auf Lager hatte.

Mit der S-Bahn fuhren wir ganz in die Nähe. Nur noch ein Kilometer zu Fuß, und schon waren wir da. Der Schlauch kostete 20 Euro. Das plus die S-Bahn-Tickets, da waren wir mit Kosten von 26,60 Euro am späten Nachmittag an unserem Auto. Mit wenigen Handgriffen schloss ich den Kühlerschlauch an, schnorrte noch etwas Leitungswasser aus dem Restaurant gegenüber und zack – der Wagen lief wieder.

Meinem Chauffeurservice von Marc am nächsten Tag zum Fitting stand also nichts mehr im Weg. Noch einen Tag später lief ich auf einem Catwalk der Fashion Week.

Was für ein Rummel! Marc erzählte der gesamten Presse, ich sei eigentlich Klempnerin, jaja, ihr hört richtig, Gas-Wasser-Scheiße, aber eben auch Model und jetzt das erste Mal auf der Fashion Week!

Da mussten die Journalisten durch, ob sie es hören wollten oder nicht. Marc war, jedenfalls was das anging, schon immer etwas verrückt.

Wir Models gingen nach der Show auch auf den Red Carpet der Fashion Week. Hier tummelten sich Presse und Fotografen, um die Promis zu fotografieren. Ich wollte eigentlich nur schnell einmal über den Teppich und dann weg. Als ich gerade in der Mitte vorbeihuschen wollte, hörte ich Marc. Er hatte sich unter die Fotografen gemischt, knipste wie irre mit seinem iPhone und schrie wie ein Verrückter: „Sandra Hunke, bitte einmal hierher schauen!"

Und er machte nicht nur Bilder von mir. Bald rief er: „Schnell noch zwei Fragen, bitte!"

Plötzlich holte er Stift und Zettel raus. Keine Ahnung, wo er den plötzlich herhatte! Ich wäre am liebsten im Erdboden versunken. Marc trug richtig dick auf.

Heute weiß ich: Etwas Trommeln gehört zum Geschäft. Alle verkaufen sich drei Kategorien höher, als sie eigentlich gerade sind.

Und Marc griff im Celebrity-Regal ganz weit nach oben: „Sandra Hunke, Sie sind hauptberuflich Installateurin. Sie tauschen Toiletten aus, laufen aber auch als Model hier auf der Fashion Week. Was ist anstrengender? Und – wenn ich richtig informiert bin – wir werden Sie bald auch landesweit im TV sehen, oder? RTL ZWEI begleitet Sie beim Haus-Umbau, habe ich gehört! Wie ist das, wenn man plötzlich so prominent ist?“

Konsterniert blickte ich auf diesen „Pressevertreter“, mit dem ich zwei Tage zuvor noch auf einem Schrottplatz nach einem möglichst günstigen Ersatzteil gesucht hatte.

Jetzt stand Marc hier vor mir, zwischen Reportern von GALA und SAT.1, und tat so, als wäre ich Lady Gaga. Denn ich war alles Mögliche, aber nicht prominent. Aber Marcs Rechnung ging auf.

Wie er das immer hindeichselt, werde ich nie begreifen. Es dauerte jedenfalls nur ein paar Sekunden, da spürte ich bereits, wie plötzlich alle Fotografen mich ins Visier nahmen. Einfach nur lächeln und nicht die Nerven verlieren, hieß es da jetzt. Hallo, ich bin von der BILD, Frau Hunke, seit wann arbeiten sie als Klempnerin? Guten Abend, wir sind von RTL, wir haben ein paar Fragen, wie ist das als Frau im Handwerk?

Was ich geantwortet habe, daran habe ich heute keinerlei Erinnerung mehr, aber es schien gut gewesen zu sein. Am nächsten Morgen lief ich bei RTL im Frühstücksfernsehen, und auf dem Rückweg nach Hause hielten wir an einer Raststätte an und entdeckten mich auf der BILD-Titelseite.

GEFRAGT: DAS KLEMPNERMODEL

Die nächsten Monate wurden wild. Die Modeljobs häuften sich, aber auch die ersten Anfragen aus der Handwerks-Industrie kamen. Ein Armaturenhersteller wollte mich als Markenbotschafterin verpflichten. Auch das Team hatte mich in der BILD gesehen.

Also fuhren wir zum Termin bei einer hippen Agentur in Düsseldorf. Unseren Ford Focus stellten wir zwei Straßen weiter ab, obwohl ein Parkplatz direkt vor der Agentur frei gewesen wäre.

„Da hätten wir aber auch hier parken können“, sagte ich zu Marc.

Aber er hatte mal wieder einen anderen Plan und antwortete: „Ja, hätten wir. Aber dann kann ich gleich nicht 36.000 Euro Jahresgage für dich verlangen. Wenn die unser Auto sehen, glauben die doch, die können dich für ein paar Gutscheine für den Baumarkt einkaufen!“

Ich war irritiert. „So viel Geld?“, fragte ich empört, „haha, ich würde mich freuen, wenn ich ein paar Armaturen umsonst bekomme, die machen die absolut besten!“

Dass mir jemand auch noch Geld bezahlen würde, damit ich seine Armaturen nutzte, das konnte ich mir damals auf keinen Fall vorstellen. Marc aber schon. Er lächelte nur, und dann standen wir auch schon in einem schicken Konferenzraum. Da war volles Haus. Drei Leute von der Agentur und zwei vom Marketing des Armaturen-Herstellers saßen am Tisch.

Wir setzten uns dazu, Marc quatschte was von medialen Reichweiten und verteilte ein Mediakit. Ich sah es selbst zum ersten Mal. Da ich die ganze Woche auf der Baustelle war, am Wochenende zu Modeljobs fuhr oder mit der Renovierung unseres Hauses beschäftigt war, kamen wir kaum noch dazu, immer alles im Detail zu besprechen.

Es waren aufregende Zeiten, aber auch intensive – damals standen wir eigentlich ständig kurz vor dem Burn-out. Marc hatte sogar richtig abgenommen. Nicht nur, weil er meistens nur ein Drittel von unserer Lasagne aß, sondern weil er so viel arbeitete, dass er kaum noch Zeit zum Essen fand. Ich machte mir schon Sorgen, denn Marc war nie spindeldürr gewesen, und das stand ihm auch nicht.

In dieser Zeit sparten wir nach wie vor am Essen, aber wir sahen immerhin Perspektiven, und wir liebten, was wir taten. So fiel uns das Arbeiten nicht schwer.

Nachdem im Konferenzraum eine Stunde lang ganz wichtiggetan und Marketing-Strategien besprochen worden waren, fragte ich, ob ich denn die neuen Modelle mal sehen dürfe. Andere Frauen wünschten sich einen Blick auf die neue Louis Vuitton It-Bag, ich wollte die nächste Generation Armaturen begutachten. Und ja, ich durfte. Als gelernte Anlagenmechanikerin konnte ich meine Begeisterung nicht verstecken, denn die neuen Produkte waren fraglos Spitzenklasse. Der Hersteller brachte gerade ein völlig neues Installationssystem auf den Markt. Ich schraubte gleich daran rum und beschrieb die Vorteile. Das überzeugte auch das Marketing: Die Frau hat Ahnung und ist begeistert von ihrem Job. Diese Leidenschaft suchten sie. Das war fantastisch, und ich freute mich sehr.

Ab da übernahm der Chef der Agentur das Gespräch.

„Frau Hunke", sagte er, „dann gehen Sie doch schon mal mit dem Marketing essen, wir haben nebenan etwas vorbereitet. Über die Gage sprechen wir dann mit Ihrem Management. Da wollen wir Sie als Künstlerin nicht mit belasten!"

Belasten? Künstlerin? Ich schnappte unmerklich nach Luft. Wie bitte? Ich war jetzt eine Künstlerin?

Am liebsten hätte ich laut gelacht und gesagt: „Junge, komm mal klar, ich schraube Toiletten an die Wand!" Aber dafür hätte Marc mir den Hals umgedreht, also verkniff ich mir das Lachen, schlenderte rüber an ein üppiges Buffet, aß für weit mehr als die 40 Euro Fashion-Week-Budget feinste Köstlichkeiten und löcherte dabei die Leute vom Marketing, was denn noch an neuen Produkten geplant war, und teilte ihnen dann meine Verbesserungsvorschläge mit. Klar, die Leute hier waren Marketing-Spezialisten, aber schließlich war ich es, die das Zeug täglich verbaute.

30 Minuten später gesellten sich auch die drei anderen von der Agentur und Marc zu uns. Alle beteuerten mehrfach, wie sehr sie sich auf die Zusammenarbeit freuten.

„Ich mich auch", polterte es aus mir heraus.

Nach dem Essen verabschiedeten wir uns alle. Als wir die Agentur verließen, hielt Marc mich kurz am Arm.

Er flüsterte: „Spring jetzt bitte nicht hoch oder so was, denn die schauen noch aus dem Fenster. Du bekommst 36.000 Euro Jahresgage!"

Das war unglaublich. Irgendwas mit Gott und dem F-Wort mit vier Buchstaben platzte aus mir raus. Ob mich mal jemand kneifen könnte? Das war mehr Geld, als ich in den letzten drei Jahren in meiner Ausbildung verdient hatte. Insgesamt. Das waren 12.040 Lasagnen zu 2,99 Euro. Wir kamen aus Zeiten, in denen es manchmal nicht mal für eine Lasagne am Tag gereicht hatte. Jetzt hatte uns ein einziger Termin mit einem Kunden 32 Lasagnen am Tag gebracht.

Marc bemerkte, dass ich das alles gar nicht glauben konnte. „Bitte bleib cool, wenigstens, bis wir um die Ecke sind!", flehte er mich an.

Aber ich hatte Blut geleckt: „Und bekomme ich denn so eine neue Armatur auch?"

„Ja, die bekommst du auch!"

Um diesen außergewöhnlichen Tag und unseren bislang größten finanziellen Erfolg zu feiern, fuhren wir am Abend in ein Steakhaus.

Ganz schön teuer hier, bemerkte ich. Marc stimmte zu, hatte aber mal wieder einen seiner Vorträge parat.

Er erklärte mir, das wäre das Leistungsprinzip: „Wenn man außergewöhnliche Leistungen bringt, kann man sich auch außergewöhnliche Dinge leisten. Und jedes Jahr zu Weihnachten belohnst du dich ab jetzt selbst mit etwas Schönem, das du immer schon mal haben wolltest, aber was man eigentlich nicht braucht. Luxus eben. Du kaufst dir etwas für ein Prozent vom Gewinn. Dann merkt man auch, wofür man arbeitet!"

Marc hatte immer so kleine Schnapsideen. Damit wollte er mir auch zeigen, dass er nicht nur meine Leidenschaft und Euphorie, mit der ich an die Arbeit ranging, super fand. Sondern dass es sich auch lohnt, so gut zu sein.

Der Vertrag mit dem Armaturenhersteller startete im Herbst. Ein paar Modeljobs hatte ich auch noch. Und nach Abzug der Steuern, die wir nach unseren Erfahrungen mit Marcs erstem Unternehmen immer sehr korrekt machten, stand ein Gewinn von 10.000 Euro. Marc bestand auf meiner Belohnung, also kaufte ich mir eine Handtasche von Liebeskind. Schon oft war ich in Paderborn an der Boutique vorbeigeschlendert und hatte immer mal wieder einen Blick durch das Schaufenster geworfen, aber nie daran gedacht, mir eine kaufen zu können. Ich ging also kurz vor Weihnachten in die Boutique. Eine Verkäuferin bot mir ein Gläschen Sekt an und zeigte mir verschiedene Modelle. Ich schaute immer etwas unauffällig auf die Preise. Ein Prozent, also 100 Euro, das war die Abmachung. Und da war sie plötzlich, meine Traumhandtasche, von 159 Euro auf 99 Euro heruntergesetzt. Die würde ich gerne nehmen. Die Verkäuferin packte sie ein, ich bezahlte und war überglücklich. Ich werde nie wieder eine schönere Tasche haben, davon war ich überzeugt.

Die Ein-Prozent-Regel haben wir bis heute beibehalten. Eine schöne Tradition. Meistens wird es wieder eine Handtasche. Das ist irgendwie zu einem Ritual geworden. Inzwischen sind die Gewinne etwas höher, und ich kaufe ich mir zu Weihnachten immer eine von Gucci oder Louis Vuitton. Es ist ein schönes Gefühl. Eine Belohnung für die harte Arbeit des gesamten zurückliegenden Jahres.

Aber ganz ehrlich, die erste Tasche, diese Liebeskind für 99 Euro, hat mich glücklicher gemacht, als es heute eine Designertasche für 3.000 Euro könnte. Das meine ich damit: Wenn man ein normales, schönes Leben mit seinem Geld bestreiten kann, ist das der glücklichste Moment. Mit einer Louis-Vuitton-Handtasche wird es nicht mehr viel schöner. Es sind die elementaren Dinge, die das Wichtigste sind. Als ich das erste Mal nach Mallorca fliegen konnte, hat mich das extrem glücklich gemacht.

Während der nächsten Jahre wurden zwar die Sterne der Hotels mehr, und anstatt einer Strandliege haben wir eine Jacht gebucht. Aber das Meer, die Sonne, das mediterrane Flair, das, was die Faszination von Mallorca ausmacht, das blieb immer gleich. Egal, ob du für 40 Euro die Nacht wohnst oder für 800 Euro. Schlimm ist es nur, wenn du es dir gar nicht leisten kannst, Urlaub zu machen.

Nach der Fashion Week und mit den ersten Kooperationen wurde das Medieninteresse immer größer. Immer mehr Menschen folgten mir auf Facebook, und neuerdings war ich auch auf Instagram. Hier zeigte ich meine Arbeit als Anlagenmechanikerin SHK und Model und setzte mich für Gleichberechtigung im Handwerk ein.

Ich wurde zu Podiumsdiskussionen eingeladen und durfte darüber sprechen, wie das so ist, als Frau im Handwerk – und was sich aus meiner Sicht verändern müsste. Anderen Frauen zeigen, dass sie alles werden können, wenn sie es schaffen, an sich und ihr Talent zu glauben.

Niemand ist talentfrei. Wenn du dein Talent gefunden hast, arbeite sieben Tage die Woche mit Leidenschaft daran, dann kommt alles andere von selbst!

Plötzlich schrieben mich junge Mädchen auf Instagram an und fragten, wie es so im Handwerk ist. Einigen waren auch schlimme Dinge widerfahren, und ich helfe da immer, wo ich kann. Aber auch die Modeljobs wurden immer mehr, und mein Jahresurlaub und mein Akku waren schon Ende März aufgebraucht.

Marc sagte, wir müssten etwas ändern: „Du machst beides gerne, fällst aber fast um."

Aus finanzieller Sicht wäre es am lukrativsten gewesen, sich aufs Modeln und Kooperationen zu konzentrieren. Aber Marc kannte mich genau. Er wusste, ich würde den Job als Handwerkerin niemals aufgeben. Also schlug er vor, ich sollte beide Anforderungen miteinander verbinden. Ich brauchte etwas mehr Freizeit und etwas mehr Zeit für die sehr gut bezahlten Jobs, aber ich wollte weiter als Anlagemechanikerin arbeiten. Da wäre doch eine Halbtagsstelle die Lösung.

Dieses Berufsmodell praktizierte Marc selbst schon länger. Immer, wenn nebenbei Zeit war, arbeitete er noch für den Messebauer oder organisierte Autogrammstunden für Stars. Und wenn die Arbeit in unserer kleinen Agentur überhandnahm, strich er diese Jobs und kümmerte sich um unsere Geschäfte. Inzwischen hatte RTL ZWEI auch noch neue Folgen über unsere Hausrenovierung bestellt, und eine Model-Agentur aus Mailand wollte mich unbedingt treffen, um mir ein Angebot zu machen. Marc überließ die Entscheidung ganz mir.

Mehr Selbstständigkeit und weniger angestellt sein, das birgt natürlich Risiken. Einerseits weniger Sicherheit, andererseits aber mehr Abwechslung und die Chance auf sehr viel mehr Geld. Ich wollte aber ohnehin unbedingt beides weitermachen und beschloss, es genau so zu machen.

Das musste ich allerdings auch noch Herrn Lochmann mitteilen. Inzwischen arbeitete ich als Gesellin bei ihm und trug viel Verantwortung. Er war entsprechend nicht sonderlich begeistert. Die Idee mit der halben Stelle fand er überhaupt nicht gut und stellte mich vor die Wahl: ganz oder gar nicht.

Schade, dachte ich, aber dann eben gar nicht. Jobangebote musste man als gute Handwerkerin nicht lange suchen. Ich würde also bei einer anderen Sanitär-Firma anfangen, die es mit einer Halbtagsstelle weniger kompliziert sah. Montags bis mittwochs würde ich also als Anlagenmechanikerin auf Baustellen schuften, die restliche Zeit selbstständig als Model und Speakerin.

Meinen Eltern das zu erklären war auch nicht einfach. Ja, ich war 24 und durfte meine Entscheidungen selbst treffen, klar. Aber man möchte doch immer den Segen der Eltern, oder? Zudem wohnten wir ja auch direkt nebeneinander - meine Eltern unmittelbar in der Doppelhaushälfte nebenan, nur eine Wand von uns getrennt. Im Keller gab es sogar eine Verbindungstür.

An einem Nachmittag kam Mama zum Kaffee rüber. Ich verriet ihr, was ich entschieden hatte. Nur noch halbtags im Angestelltenverhältnis, um mehr Zeit zu haben, meine Selbstständigkeit auszubauen. Sie konnte mich nicht sofort verstehen.

„Sandra, du musst doch arbeiten!", stammelte sie etwas entsetzt.

Ihre Reaktion war nicht verwunderlich. Sie hatte es seit Generationen nicht anders erlebt. Eine solide Arbeit im Angestelltenverhältnis, das war erstrebenswert, da konnte man sich glücklich schätzen, das gab man nicht auf. Woher sollte sie auch ahnen, dass es ganz anders ging?

Selbst ich hatte das alles erst lernen, am eigenen Leib erfahren und erleben müssen. Wenn man seine Talente nutzt und sich richtig reinhängt, steht man mit einer Selbstständigkeit oft sogar besser da als als Angestellte. Vorausgesetzt, man umgibt sich mit supportenden Menschen – das ist sehr wichtig.

Auch ich hatte früher nicht damit gerechnet, dass man mit einem einzigen gut bezahlten Modeljob an einem Tag das Jahresgehalt eines Anlagenmechanikers verdienen kann. Ich konnte das ja selbst manchmal kaum glauben.

Meine Mutter hat sehr lange gebraucht, das zu verstehen. Sie sieht unser Leben aus der Perspektive einer Mutter.

Sie pflegte zu sagen: „Ihr seid immer unterwegs, lohnt sich das denn?"

Als Angestellte hatte ich klare Arbeitszeiten, einen festen Feierabend und an den Wochenenden frei. Als Selbstständige verschwimmen diese Regeln. Man arbeitet, wie die Jobs reinkommen. Das kann morgens sein, das kann abends sein, das kann am Wochenende sein. Der Sonntag ist nicht mehr automatisch frei. Plötzlich muss man sonntags in ein TV-Studio, zu einem Fotoshooting oder auf eine Messe. Als Angestellte kann man den ganzen Sonntag im Bett chillen. Aber als Angestellte hat man auch keine Tagesgage, mit der man seine ganze Familie nach Mallorca einladen kann.

Also ja, Mama. Es lohnt sich.

Diesen Herbst haben wir meine Mutter eingeladen, mal mit nach Mallorca zu kommen. Als ich sie dann in ihre Suite gebracht habe und wir auf das Meer schauten, nahm ich sie in den Arm und sagte: „Mama, weißt du noch, als du gesagt hast, ich könne doch keine Halbtagsstelle machen, ich müsse doch Geld verdienen?"

Wir lachten beide darüber. Mit einer Vollzeitstelle als Angestellte hätte ich damals wahrscheinlich zehn Jahre lang sparen können und hätte meinen Eltern trotzdem nie so einen Urlaub schenken können. Als Model, Autorin und Content Creatorin gibt es Jobs, da verdiene ich am Tag genug, um sie zweimal einzuladen. Das sage ich nicht, um damit anzugeben. Ich erzähle es, weil die berühmte Legende „Vom Tellerwäscher zum Millionär" wahr werden kann. Fleiß und Zuversicht können Berge versetzen. Das ist es, was ich mit diesem Buch sagen möchte. Ich war nie eine gute Schülerin. Ich habe immer nur fleißig gearbeitet und an meinen Traum geglaubt: mit dem, was ich leidenschaftlich gerne tue, erfolgreich sein. Und wenn ich das geschafft habe, dann könnt ihr das auch.

Man kann mit jedem Talent Millionär werden. Aber nicht mit jeder Arbeitseinstellung.

Ich bin dankbar, diese Perspektive zu haben: Meine Tochter wird privilegiert aufwachsen, aber ich werde aufpassen, dass sie die wichtigsten Lektionen dennoch lernt. Und das wird bei reichen Familien manchmal vergessen. Wenn das Geld einfach da ist und weiter fließt, macht man sich nicht viele Gedanken darüber, wie man sein Auto wieder fahrtüchtig bekommt, wenn es in Berlin mal den Geist aufgibt. Man ruft einen Abschleppdienst, steigt in ein Taxi und nimmt sich einen Mietwagen. Die immer gedeckte Kreditkarte regelt das.

Darum gibt es eben auch Menschen aus reichen Familien, die müssen nicht mehr lernen, große Gagen zu fordern oder selbstständig zu sein. Das liegt denen im Blut. Und das ist auch fein so. Die müssen sich dafür nicht entschuldigen. Zumal sie ja auch gar nichts dafürkönnen. Reich geboren zu werden, das ist Zufall. Man sollte nur einordnen können, was für ein Glück man hat.

ZWISCHEN BAUSTELLE UND JETSET

FIRMENWECHSEL

Mein neuer Arbeitsplatz war in Höxter. Das war nicht mehr mit dem Fahrrad erreichbar, sondern bedeutete 35 Minuten Autofahrt. Der Juniorchef hatte mich auf Instagram gesehen und gefragt, ob ich nicht auch mal Lust hätte, in einem größeren Unternehmen zu arbeiten.

Ich bin Herrn Lochmann bis heute sehr dankbar für die Jahre bei ihm. Er hat mein Talent erkannt, er hat mir alles beigebracht. Bei ihm habe ich meine Lehre gemacht und auch als Gesellin noch einige Jahre lang wertvolle Erfahrungen sammeln dürfen.

Doch die Möglichkeit, in eine Halbtagsstelle zu wechseln, und auch noch die Chance, in einem größeren Betrieb zu arbeiten, haben mich dann doch nach Höxter gelockt. Das erste Mal mit anderen Kollegen zusammenzuarbeiten, das stellte ich mir superspannend vor. Neue Kunden, die mich noch nicht kennen, und neue Herausforderungen, um mich noch weiter verbessern zu können und als Anlagenmechanikerin neue Erfahrungen zu sammeln. Darauf hatte ich Lust.

Und zeitgleich sollte ja meine Selbstständigkeit Fahrt aufnehmen. Dafür hatte ich nun die freie Zeit an den Tagen, an denen ich nicht arbeitete. So wurde es ein sehr abwechslungsreiches Leben zwischen Baustelle und Jetset, zwischen Hummer und Fleischwurstbrot. Ein ganz neuer, sehr interessanter Lebensabschnitt.

Ich bin Klempnerin und Model. Aber Männer fragen mich nie, wie ich so schöne Bäder bauen kann, sondern wie ich es als Model geschafft habe. In unserer Gesellschaft gilt es offenbar als größere Leistung, zehn Meter geradeaus auf einem Runway zu schaffen, als ein Handwerk perfekt ausüben zu können.

Wenn du als Model noch unbekannt bist, bist du in den Großstädten oft noch sehr einsam. Egal, ob du zur Fashion Week nach Berlin reist oder für ein großes Shooting nach Hamburg – Freundschaften sind in diesem Business eher selten. Im Prinzip ist jedes Model Einzelkämpferin. Das Mädchen, das neben dir sitzt, will beim nächsten Casting ja auch genau den Job, den du gerne hättest. Das Klima unter den Models ist daher oft nicht so gut. Vor allem, wenn man nicht zu einer Großstadt-Clique aus Mädchen gehört, die sich dreimal die Woche bei irgendwelchen Castings über den Weg laufen.

Aber ich hatte Glück. Ich kam zwar vom Land und kannte in Berlin niemanden, fand dann aber sehr früh eine tolle Freundin: Marie von den Benken. Sie hat mich damals für das Wochenmagazin „Stern" interviewt, und daraus ist eine Freundschaft entstanden. Auch wenn wir politisch nicht immer die gleichen Ansichten haben, hält unsere Freundschaft bis heute, und wir wissen, wir können uns aufeinander verlassen. Man muss nicht immer dieselbe Partei wählen, um sich zu vertrauen und füreinander da zu sein. Es zählen Loyalität, Freundschaft, Hilfsbereitschaft, einfach eine Basis, die unerschütterlich ist. Marie war es auch, die mich damals zu meinen ersten Events rund um die Fashion Week mitgenommen hatte.

Wenn man ganz neu ist, wird man meist gar nicht beachtet. Aber das hatte sich inzwischen verändert: Mit wachsendem Bekanntheitsgrad spürte ich langsam auch die Akzeptanz in dieser Fashion- und Promi-Bubble. Man merkt das einfach. Wo ich ein paar Saisons zuvor noch allein in einer Ecke gestanden und gedacht hatte „Ach, guck mal, da ist ja Toni Garrn“ oder „Huch, Oliver Pocher ist ja noch viel kleiner, als er im Fernsehen wirkt“, scharten sich heute andere Promis, Agentur-Mitarbeiter, Fotografen und Fans um mich. Man umgab sich plötzlich gerne mit mir. Das ist die Hunke, das Klempnermodel.

Ich nehme an, ich tat ihnen auf eine gewisse Art sogar gut. Ich kam nicht aus einer Metropole, ich umgab mich in meiner Freizeit nicht nur mit anderen aus dieser Branche. Ich sei so schön geerdet, meinten sie oft. Mit beiden Beinen auf dem Boden zu stehen, das macht vielen Menschen Probleme, sobald sie mal im Fernsehen oder in der Zeitung waren und sich für so was wie einen Promi halten. Wahrscheinlich war es für sie auf viele Arten gut, sich mit dem unbescholtenen Model vom Land sehen zu lassen, das nur sporadisch nach Berlin kam, wenn die großen Shows anstanden.

Seit sich Mercedes-Benz aus der Fashion Week Berlin zurückgezogen hatte, war alles sowieso weniger glamourös. Als Berlin noch New York hatte werden wollen, waren auch größere, internationale Marken zur Modewoche an der Spree gekommen. Tommy Hilfiger zum Beispiel oder

Hugo Boss. Madonna legte auf der After-Show-Party auf, Supermodels wie Doutzen Kroes oder Karolína Kurková liefen auf den Runways, und Karlie Kloss oder Joan Smalls waren die offiziellen Gesichter der Fashion Week. Ende der Nullerjahre und zu Beginn der 2010er-Jahre zog die Metropole Berlin mit ihrer Modewoche die ganze Welt an.

Jetzt aber war der Hauptsponsor weg und mit ihm die ganz großen Stars und Champagner-Kübel. Was blieb, waren Berliner Designer, ihre Berlin-Mitte-Clique und jede Menge Influencer und Fashion-Blogger, die sich ohnehin nie in erster Linie für die Kollektionen und die Mode interessiert hatten, sondern mehr für die Goodie-Bags und die Partys.

Ohne die ganz großen Namen verlor die Berliner Fashion Week von Jahr zu Jahr etwas mehr von ihrem alten Glanz.

Zum Glück hatte ich noch zwei, drei gute Jahre mitgenommen. Denn zur Berliner Hochglanzzeit stand man im Fokus der Medien und somit zeigten auch Agenturen Interesse.

Eine wollte mich damals sogar unbedingt für die Mailänder Fashion Week gewinnen. Sie schrieben mich immer wieder an. Ihre Hartnäckigkeit erinnerte mich an mich selbst, also wollte ich ihnen eine Chance geben. Wir einigten uns, uns in Köln zu treffen. In einem noblen italienischen Restaurant aßen wir zu Mittag. Ich esse ja für mein Leben gerne Nudeln, auch wenn sie in solchen Restaurants Pasta heißen. Aber warum man die in edlen Restaurants immer unter tonnenweise Trüffeln verstecken muss, ist mir bis heute ein Rätsel …

Natürlich sprachen alle nur Englisch. Ihr Lieblingssatz war: *„You have to decide, career or craft."* - Du musst dich entscheiden, Karriere oder Handwerk. Sie wollten, dass ich meinen Beruf als Installateurin aufgebe und für ein halbes Jahr nach Mailand komme. Ich hörte mir alles geduldig an und versuchte nebenbei, diese unappetitlichen Trüffelscheibchen unauffällig in meiner Serviette verschwinden zu lassen. Als ihre Predigt von etwa 30 Minuten vorüber war, hatte ich längst die paar Gramm Nudeln verdrückt, die sich unter dem Trüffelberg versteckt hatten, und die Mailänder wollten eine Antwort. Ob das nicht eine grandiose Chance für mich wäre?

Tja, da musste ich ihnen jetzt wohl meine Entscheidung mitteilen. Ich sagte fröhlich: *„I'm not sure you know but I am already pursuing a career."* – Ich weiß nicht, ob ihr es mitbekommen habt, aber ich mache bereits Karriere.

Alle lächelten. Sie dachten wohl, ich scherze oder meine mit der Karriere diese Mailand-Idee, von der sie mich überzeugen und von meinem Traumjob abhalten wollten. Also schoben sie mir freudig die Verträge zu. Ich musste meinen Satz wohl doch noch mal sehr verständlich für alle explizit beenden: *„A career in crafts!"* – Eine Karriere im Handwerk.

Jetzt hatten sie es wohl auch begriffen. Die gute Stimmung war sofort dahin. Jetzt aber lieber schnell raus hier, dachte ich mir, bevor ich am Ende noch die Rechnung übernehmen muss. Beim Verabschieden sagte ich noch, wenn Mailand mich wirklich wolle, könnten sie mich gerne einfliegen. Ich arbeite ja jetzt nur noch halbtags. Von Donnerstag bis Sonntag könne ich jederzeit nach Mailand kommen. Die Agentur und auch ihre Partner-Agentur aus Köln meldeten sich aber erst mal nicht mehr.

Na ja, so hatte ich die Zeit, mich in Ruhe mit meinen neuen Kollegen einzuarbeiten. Alle Abläufe kennenzulernen und auch die Menschen in der Firma. Ein Kollege hieß Olaf. Olaf war Anfang 50 und ein liebenswerter Typ. So ein klassischer Gute-Laune-Bär. Mit ihm war ich jetzt oft unterwegs, zusammen rockten wir die Baustellen.

Ich habe noch viel von Olaf gelernt. Er hatte seinen Bulli über die Jahre in das wohl größte fahrende Ersatzteillager der Welt verwandelt. Olaf schmiss nichts weg, hob alles auf und sortierte es in seinem Bulli irgendwo ein. Irgendwann braucht man das mal wieder, war er sicher. Und er behielt recht: Dank seiner mobilen Ersatzteil-Schatzkammer konnten wir immer mal wieder ein Teil aus seinem Bulli fischen, für das man sonst wochenlang hätte recherchieren müssen.

DIE VORTEILE DER VIELFALT

Vielfalt in der Belegschaft ist nicht nur eine Frage der Gerechtigkeit, sondern ein klarer Wettbewerbsvorteil. Studien zeigen, dass gemischte Teams kreativer und produktiver sind, da sie Probleme aus verschiedenen Perspektiven betrachten und innovative Lösungen finden können. Frauen bringen oft einen neuen Blickwinkel ein, der bei der Problembehebung wertvoll werden kann.

Im Handwerk bedeutet Vielfalt auch, dass Kunden sich besser aufgehoben fühlen, wenn sie auf Teams treffen, die ihre Lebensrealität widerspiegeln. Frauen bringen häufig andere Kommunikationsstile und Herangehensweisen mit, die das Team bereichern und die Kundenzufriedenheit erhöhen können.

Aber es gab auch andere Kollegen als Olaf. Nicht jeder war wie er, nicht jeder wollte akzeptieren, dass jetzt auch eine Frau in dieser Männerdomäne arbeitet.

Beispielsweise gab es da auch Karl. Karls Hobby wurde es, täglich abfällige Bemerkungen zu machen. Das Übliche. Eine Frau gehört an den Herd. Oder auch: Frauen sind nur gut zu bügeln. Ich habe nie herausgefunden, ob er das „m" bei „zu(m) Bügeln" absichtlich wegließ, damit er eine verächtliche Analogie zum Geschlechtsakt schaffen konnte, oder weil seine Deutschkenntnisse einfach auf ziemlich trostlosem Niveau waren.

Und neben Karl war da aber auch noch der Seniorchef. Er hatte damals in den Betrieb eingeheiratet und anschließend das Zepter mit übernommen. Seitdem führte er den Betrieb mit, jetzt schon seit 35 Jahren. Immer mit harter Hand, wie er gerne betonte. Alte Schule, sagt man da wohl.

So alt allerdings, dass der Juniorchef ihn regelmäßig daran erinnern musste, dass man seine Mitarbeiter heute nicht mehr mit einem Laptop bewerfen darf.

Wenn die beiden morgens im Betrieb waren, bekam ich direkt Bauchschmerzen. Na ja, dachte ich mir immer, zehn Minuten nicht groß auffallen und dann mit Olaf auf die Baustelle verschwinden. Was soll schon passieren? Eigentlich hätte ich dem Seniorchef und auch diesem Karl damals sofort die Meinung geigen müssen. Aber ich hatte ja in dem Betrieb gerade erst angefangen zu arbeiten und wollte als Neuling nicht gleich einen Machtkampf anzetteln, aus dem ich wahrscheinlich als Verliererin herausgekommen wäre.

Heute weiß ich, das ist völliger Nonsens. Wenn sich Kollegen oder Chefs wie Neandertaler verhalten, packt man seine Sachen und geht. Ich bin damals geblieben. Würde ich heute nicht mehr machen.

KONKRETE MASSNAHMEN FÜR GLEICHBERECHTIGUNG

Gleichberechtigung im Handwerk bedeutet nicht nur, dass Frauen und Männer dieselben Chancen erhalten, sondern auch, dass Strukturen und Rahmenbedingungen geschaffen werden, die es Frauen ermöglichen, ihre Karriereziele zu erreichen – und das, ohne dabei neben ihren Kollegen einen Spießrutenlauf absolvieren zu müssen.

Betriebe können von sich aus viel dazu beitragen, die Gleichberechtigung im Handwerk zu fördern.

Dazu gehören:

- Mentoring-Programme: Erfahrene Handwerkerinnen können als Mentorinnen für junge Frauen fungieren und sie auf ihrem Weg unterstützen.
- Genderneutrale Rekrutierung: Stellenanzeigen sollten geschlechterneutral formuliert sein, um Frauen mit anzusprechen und nicht unbewusst auszuschließen.

- Gezielte Weiterbildung: Betriebe könnten Schulungen zu Diversity und Gleichberechtigung anbieten, um ein Bewusstsein für diese Themen zu schaffen.
- Bessere Ausstattung: Von Damentoiletten und -umkleiden bis zur passenden Arbeitsbekleidung ist noch viel nachzuholen.

Auch die Politik spielt eine wichtige Rolle. Wir benötigen Programme und Förderungen, die speziell auf Frauen im Handwerk abzielen, zum Beispiel:

- Finanzielle Unterstützung für Frauen, die sich selbstständig machen oder einen Meistertitel anstreben.
- Zuschüsse für Betriebe, die familienfreundliche Arbeitsmodelle umsetzen.
- Förderung von Aufklärungskampagnen, die junge Mädchen ermutigen, handwerkliche Berufe zu ergreifen.

TRAUMKOLLEGEN, TRAUMKUNDEN

Dafür waren aber wenigstens die Arbeitstage spitze. Olaf und ich bauten Woche für Woche Bäder und Heizungen ein und schätzten uns gegenseitig sehr. Auch die meisten Kunden waren freundlich. Aber auch bei der Spezies Kunde, auf die leider jeder angewiesen ist, gab es Ausreißer.

Ein Oberarzt fragte mich zum Beispiel mal, seit wann denn Frauen überhaupt im Handwerk arbeiten dürften, das sei ja wohl ein Unding. Mittlerweile war ich zum Glück auch in solchen Situationen nicht mehr auf den Mund gefallen und konnte schnell reagieren. Ich antwortete, seit wann man denn ohne Abitur Arzt werden dürfe, denn in Anbetracht seines offenbar recht niedrigen Bildungsstandes müsse man wohl davon ausgehen, dass er es kaum bestanden haben könne. Na ja, ihr könnt euch vorstellen, Trinkgeld gab es auf dieser Baustelle nicht.

Das störte Olaf und mich aber nicht. Wir machten unseren Job gerne und freuten uns, als wir fertig waren. Denn nach dem Kunden ist vor dem Kunden, wie schon der berühmte Handwerker Sepp Herberger sagte. Nach dem Oberarzt mit Frauenproblemen kam also unweigerlich ein neuer Kunde. Neuer Kunde, neues Glück. Und es gab auch wirklich nette Kunden.

WAS TUN, WENN HANDWERKER KOMMEN?

Viele Menschen fragen sich ja, wie sie sich bestmöglich verhalten sollen, wenn Handwerker ins Haus kommen. Ich sage da immer: Grundsätzlich kann man das in einem Wort beantworten – menschlich! Leider weiß da allerdings nicht jeder auch etwas mit anzufangen.

Ich habe zum Beispiel auch öfter mal Notdienst am Wochenende gemacht und musste da immer wieder zu einer großen Wohneinheit, einem Plattenbau aus den Siebzigern. Dort habe ich sehr kuriose Dinge erlebt. Einer öffnete mir mal in einer schmuddeligen Unterhose die Tür, auf der sehr deutlich die Überreste seiner letzten Toilettengänge zu sehen und zu riechen waren. Ein Pärchen stritt sich lautstark im Wohnzimmer und beschimpfte sich aufs Übelste, während ich im Bad nebenan versuchte, ihren Abfluss wieder funktionstüchtig zu bekommen. Das Heftigste war aber wohl, als ein stark alkoholisierter Vater begann, vor meinen Augen seinen Sohn anzuschreien. Gottseidank schritt gleich ein Nachbar ein und wies ihn zurecht.

Und dann war da noch dieser alte, niedliche Mann. Er war schon 85 Jahre alt und von der ersten Minute absoluter Fan von mir. „Oh wie schön, eine Handwerkerin!“, strahlte er und folgte mir gleich ins Bad. „Ich schaue Ihnen zu, wenn es Sie nicht stört!“, meinte er. Natürlich störte es mich nicht. Warum auch? Eine nette Unterhaltung mit jemandem, der mein Können bewundern wollte, da sage ich doch nicht Nein. Bei ihm sollte der alte Waschtisch erneuert werden. Ich hatte bereits alles mit Vlies ausgelegt und meinen Werkzeugkoffer bereitgestellt. Dann demontierte ich den alten Waschtisch. Noch kurz eine Warnung ausgesprochen („Vorsicht, Herr Meier, es wird jetzt gleich hier etwas kuschelig! Nicht, dass Sie fallen!"), und schon nahm das Schicksal seinen Lauf. Herr Meier rief zwar noch „Nein, nein, ich passe natürlich auf!", da lag er aber auch schon längs im Bad auf dem Boden. Er hatte die Werkzeugkiste übersehen. Das war ein Schock für uns beide, aber zum Glück stand er schnell wieder auf. Beachtlich rüstig für 85 Jahre!

Aber zurück zum Thema: Wie sollte er sein, der perfekte Kunde? Erst mal wäre es schön, wenn er halbwegs vollständig angezogen wäre. Es mag überraschen, aber auch eine Frau fällt nicht vor Entzücken ins Koma, wenn ein Kunde ihr halb nackt die Tür öffnet und sie Mühe hat, nicht zufällig seine Kronjuwelen begutachten zu müssen. Also anziehen und einfach freundlich die Tür öffnen. Dem Handwerker möglichst exakt zeigen, wo und was gemacht werden soll, und dann kann man sich auch schon getrost zurückziehen.

Ihr könnt ganz normal euren Alltag weitergestalten. Kochen, auf dem Sofa liegen, fernschauen, an den Schreibtisch gehen, telefonieren, lesen, Erbsen zählen – was halt so ansteht und was ihr auch gemacht hättet, wenn kein Handwerker anwesend wäre. Jedenfalls, wenn es Dinge sind, bei denen man angezogen bleibt. Und dabei müsst ihr auch kein schlechtes Gewissen haben.

LIEBE RABAUKEN!

Kennt ihr das? Ein Handwerker kommt, und du fragst dich, ob du etwas zu essen oder zu trinken anbieten sollst? Wird das erwartet? Ganz ehrlich: Man freut sich immer über die Geste! Im Winter ein Heißgetränk oder im Sommer ein Kaltgetränk anbieten, vielleicht noch ein Keks – darüber freuen wir Handwerker uns immer sehr. Ist nämlich keine Selbstverständlichkeit.

Wir hatten zum Glück auch jede Menge Traumkunden. Ich arbeitete also Woche für Woche auf den Baustellen und war die restliche Zeit als Model unterwegs.

Ich hatte einen Kreislauf ausgelöst. Mehr Medienpräsenz, mehr Modeljobs. Mehr Modeljobs, mehr Medienpräsenz. Das war wie ein Perpetuum mobile. Immer wieder wollten TV-Redaktionen über meinen Arbeitsalltag berichten. Es faszinierte sie. Der Spagat zwischen Klempnerin und Model. Für mich hingegen ergab sich ein Problem: Hatte der Juniorchef mich doch ursprünglich bewusst auch deshalb eingestellt, damit sein Betrieb nebenbei durch mich und meine Medienreichweite beworben wurde, gab es jetzt vor jedem TV-Dreh eine riesige Diskussion.

Also begann ich damit, die Drehs auf meine freien Tage zu legen, und besorgte dafür eigene Baustellen. Dadurch war das Einzige, was dann noch im Kontext mit meinem Arbeitgeber zu tun war, mich morgens für 30 Minuten im Betrieb filmen zu lassen und den Chef kurz sein Unternehmen vorstellen zu lassen. Wenn mein Juniorchef gut gelaunt war und der Senior nicht im Betrieb, lief es immer reibungslos. Aber wehe, der Senior lief da irgendwo rum oder der Junior hatte schlechte Laune.

Dann war mir schon schlecht, wenn ich die beiden nur von der Ferne sah. Wie die letzten Menschen führten die sich teilweise auf. Dabei profitierten sie total von der kostenfreien, ständigen Werbung, die meine TV-Auftritte mit sich brachten. Aber die beiden verhielten sich, als müsse man ihnen den ganzen Tag die Füße küssen, damit man gratis für sie werben dürfe. An solchen Tagen konnte ich mich nicht nur auf meinen Job und meine Performance vor der Kamera kümmern, sondern musste immer auch zwischen Kamerateam und Chefs vermitteln. Ganz nebenbei dann bitte auch noch lustig, schlagfertig und unterhaltsam sein und last but not least noch eben vor laufender Kamera ein Bad sanieren.

Wenn das Team Pause machte, arbeitete ich weiter. Bei teilweise zweitägigen Drehs oft auch bis spät in die Nacht, um am Ende ein fertiges Bad für die Dreharbeiten präsentieren zu können. Es war eine sehr herausfordernde Zeit. Aber wenigstens zahlten sich die Mühen inzwischen finanziell aus.

Durch die Aufmerksamkeit der Medien bekam ich immer mehr Anfragen und war ständig unterwegs. In Deutschland, aber auch weltweit. So führten mich meine Modeljobs zum Beispiel nach Barcelona, Mailand oder Hongkong.

Und mein Leben zeigte ich weiterhin in den sozialen Medien. Neben Facebook war inzwischen auch Instagram sehr populär geworden, und ich hatte mehr als 100.000 Rabauken, die sich dort für mein Leben interessieren. Follower hießen die auf Instagram-Deutsch. Es freute mich riesig. Auf eine gewisse Weise waren sie die Freunde, die ich auf der Schule nie gehabt hatte. Und auch mein Privatleben war so schön wie nie zuvor.

HEIRATSPLÄNE

Im Sommer 2017 hatte mein Mann mir auf der Fashion Week einen Heiratsantrag gemacht.

Ich wusste von nichts. Aber nachdem ich eine Show gelaufen war, stand er backstage mit Rosen, Ballons und einem Verlobungsring. Damals waren wir noch in den Anfängen unserer Selbstständigkeit, das Geld war recht knapp, und er hatte einen Verlobungsring für 200 Euro gekauft.

Das Geld hatte er irgendwie nach und nach heimlich zurückgelegt. 2018 nahmen die Karriere und unsere Selbstständigkeit dann richtig Fahrt auf. Marc würde in seiner selbstbewussten Art wahrscheinlich sagen: Da kannst du mal sehen, was mein Heiratsantrag alles bewirkt hat. So weit würde ich vielleicht nicht gehen, Fakt war jedoch: Die Anfragen für TV-Formate mit größerem Budget und noch besseren Sendeplätzen häuften sich.

Eine davon klang nach einer Riesen-Gaudi. Bei einer Wochenserie für RTL „Punkt 12" konnte man gegen vier andere Pärchen antreten und dabei Eheringe im Wert von 3.000 Euro gewinnen. Klare Sache: Da haben wir natürlich mitgemacht. In mehreren Challenges traten wir dann gegen die anderen an. Die klassischen Pärchen-Dinge: Wer kennt den anderen am besten und natürlich die ultimative Herausforderung: zusammen Möbel aufbauen. Jetzt ratet mal, wer gewonnen hat? Natürlich die Handwerkerin mit ihrem Mann. Und weil ich als Model inzwischen auch gutes Geld verdiente, haben wir auf den Gewinnerpreis noch mal 2.000 Euro draufgelegt, und ich habe mir einen Ehering mit funkelnden Diamanten für 5.000 Euro ausgesucht. Man heiratet ja nur einmal.

Und es war auch eine Art Belohnung, denn unser Leben lief inzwischen richtig gut. Und das hatten wir nur uns selbst zu verdanken. Also beschlossen wir, unsere Lieben an unserem Glück teilhaben zu lassen, und planten eine Hochzeit auf Mallorca. Nachdem wir die Location angezahlt hatten, druckten wir die Einladungskarten. Es schien alles perfekt, es würde ein riesiges Event unter der mallorquinischen Sonne werden, mit allen unseren Freunden und unseren Familien um uns herum. Wir freuten uns sehr. Doch dann kam es anders.

CORONA

Es kam das, was uns Anfang 2020 wohl alle kalt erwischt hat: Corona. Plötzlich hörte man Vokabeln wie Pandemie, Masken, Seuchenschutz, Abstandsregeln. Kurz darauf durfte schon niemand mehr sein Haus verlassen, geschweige denn im Ausland eine Hochzeit feiern. Also mussten wir unsere Traumhochzeit absagen. Gleichzeitig hagelte es auch Absagen für Modeljobs. Erst durfte gar nicht geshootet werden und dann nur unter strengen Sicherheitsvorkehrungen. Außerdem waren die Kunden, kleine wie große, unsicher geworden. Ihre Läden waren zu, niemand wusste, wie lange der Lockdown dauern würde. Die Menschen hatten andere Gedanken als Shopping. Und wo sparen Unternehmen als Erstes? Richtig, am Marketing-Budget. Kein Geld für Marketing heißt kein Geld für Kooperationen und Model-Shootings.

Was aber weiterging, war das Handwerk. Handwerk ist beständig und systemrelevant. Auf Restaurantbesuche und Kino konnte man verzichten, auf Toilette und Heizung nicht. Trotzdem war es eine Zeit voll Unsicherheit: Man wusste nicht, wie sich alles entwickeln würde. Niemand hatte klare Antworten, was passieren wird. Alle hatten ein etwas ungutes Gefühl. Man hatte Sorge, sich anzustecken und zu erkranken, wenn man beim Kunden war.

Mein Chef hatte solche Panik, dass er sich in seinem verglasten Büro verschanzte. Wie ein Sonnenkönig in seinem Glaspalast gab er uns, den kleinen, einfachen Arbeitern, von dort aus dann Anweisungen. Wir fuhren also weiter zu Kunden, und nach der ersten Aufregung wurden die Befürchtungen schnell weniger. Für gesunde Menschen mit viel Bewegung, guter Ernährung und ohne Risikokrankheiten war Corona sicherlich auch eine Bedrohung, aber wahrscheinlich nicht lebensbedrohlich. Eher gleichzusetzen mit einer Lungenentzündung, dachten wir irgendwann. Das nahm uns die Angst. Ich arbeitete also fleißig weiter, und zum Sommer hin lockerten sich endlich die Coronaregeln. Langsam normalisierte sich alles. Man durfte jetzt wieder mit bis zu 50 Personen Feste feiern.

Am 15. August 2020 haben wir dann zumindest schon mal standesamtlich geheiratet und anschließend bei unserem Lieblingsitaliener hier auf dem Dorf mit den 50 engsten Verwandten und Freunden gefeiert. Es war wunderschön.

An eine Hochzeitsreise war noch nicht zu denken. Wir machten am nächsten Tag einfach weiter mit unserem Alltag. Endlich gab es auch wieder Modeljobs; das ging natürlich vor. So verrückt waren wir damals. Wenn man in der Vergangenheit mal mit extrem wenig Geld auskommen musste, lässt man keine Chance mehr verstreichen, gutes Geld zu verdienen. Wir hatten schließlich auch große Pläne. Unser Haus fertig zu renovieren beispielsweise und dann direkt ein weiteres zu bauen.

Aber nicht unser nur Privatleben hatte sich durch Corona extrem verändert, auch die Geschäftswelt musste reagieren. Hatten wir uns vorher noch zu jedem Meeting persönlich getroffen, wurde sich jetzt via Teams ausgetauscht. Das war eine positive Entwicklung, denn so wurden wir in unserer Arbeit noch effizienter.

Außerdem wurden alle Messen abgesagt. Auch die Fachmessen für Handwerk. So musste das Marketing plötzlich neue Wege gehen.

PROFESSIONALISIERUNG IN DEN SOZIALEN MEDIEN

Das war der Punkt, an dem ich meine klassische Social-Media-Präsenz erweiterte: Aus mir wurde die Creatorin Sandra.

Denn in den letzten Jahren hatte ich auf den sozialen Medien viele Handwerker und Handwerksbegeisterte als Follower angesammelt. Die Handwerkskonzerne engagierten mich plötzlich, damit ich ihre Produkte im Internet zeigte. So wurde ich von der Messe-Hostess zur Creatorin. Content is king, hieß es plötzlich – und ich hatte bereits genau die Zielgruppe, die alle ansprechen wollten, die mit dem Handwerk in Verbindung standen und dort ihre Geschäfte machten.

Plötzlich war ich nicht mehr auf Laufstegen und Messen, sondern stand in meiner Werkstatt oder im Wohnzimmer und produzierte Videos mit den Produkten für Social Media. Völlig autodidaktisch habe ich mir Drehtechnik und Schnitt beigebracht. Heute (ohne mich selbst zu sehr loben zu wollen) schneide ich besser als die meisten professionellen Cutter. Also, Videos, nicht Haare.

Außerdem verbesserte ich täglich meinen Schreibstil, um auch immer wieder interessante Captions schreiben zu können. Durch diese schlimme Krise, durch Corona, entstand zufällig mein erfolgreichstes Geschäftsmodell. Denn auf Instagram wurden mein Idealismus und meine Ausdauer belohnt.

Seit Jahren zeige ich hier meine Arbeit als Handwerkerin. Weil es meine Leidenschaft ist und auch, um andere Frauen für das Handwerk zu begeistern. Denn das ist ein Metier, das wahnsinnig viel Spaß macht, sehr kreativ sein kann – aber auch noch immer eine klare Männerhochburg. Ich wollte schon immer meinen Teil dazu beitragen, das zu ändern. Frauen gehören genauso ins Handwerk wie Männer. Es heißt ja auch Handwerk und nicht Mannswerk. Wir Frauen haben zwei Hände. Da haben auch die Männer nicht mehr.

FRAUEN GEGEN FACHKRÄFTEMANGEL

Das Handwerk steht vor einer der größten Herausforderungen seiner Geschichte: dem Fachkräftemangel. Laut Prognosen der Handwerkskammern werden in den nächsten Jahren Tausende Fachkräfte fehlen, da immer weniger junge Menschen eine handwerkliche Ausbildung anstreben. In vielen Gewerken sind die offenen Stellen schon längst nicht mehr zu besetzen – eine Situation, die die gesamte Wirtschaft belastet: Wenn es weniger Handwerker gibt, gibt es aber nicht gleichzeitig auch weniger Aufträge. So führt der Fachkräftemangel in eine unschöne Spirale der Verteuerung.

Weniger fachkompetente Ressourcen bei gleichbleibender Nachfrage führen unweigerlich zu zwei Dingen: Die handwerklichen Dienstleistungen werden teurer, und die Branche kollabiert. Plötzlich können sich Menschen aus der Generation unserer Eltern eine dringend notwendige Heizungsrenovierung in ihrem eigenen Haus nicht mehr leisten, obwohl sie ihr Leben lang gearbeitet haben, weil die Handwerkskosten explodieren. Damit ist niemandem geholfen.

Frauen könnten einen wesentlichen Beitrag zur Lösung dieses Problems leisten. Indem wir das Potenzial von Frauen im Handwerk besser nutzen, können wir dem Fachkräftemangel aktiv entgegenwirken. Doch das erfordert fraglos, dass Frauen nicht nur als „Notlösung" gesehen werden, sondern als gleichberechtigte Partnerinnen, die genauso qualifiziert und engagiert sind wie ihre männlichen Kollegen.

Seit ich nun auch gelegentlich Produkte bewarb, wurden die Mühe und die Zeit jetzt sogar entlohnt, die ich in meine Social-Media-Auftritte steckte. Bis heute bin ich mir aber auch da treu geblieben. So verlockend hoch die Angebote manchmal sind: Ich bewerbe nur Produkte, die ich auch selbst regelmäßig benutze und für gut befinde. So wird man nicht schnell reich, schläft aber ruhiger. Ich möchte meinen

Followern, die mir seit Jahren vertrauen, keinen Schrott verkaufen, nur um einen schnellen Euro zu verdienen. Was ich bewerbe, nutze ich auch selbst.

Ich bin in meinem Leben immer loyal gewesen. Ehrlichkeit und Aufrichtigkeit zahlen sich immer aus, das habe ich gelernt. Die Menschen, die ähnlich denken, die auch loyal sind und ehrlich, sind heute meine engsten Freunde.

Die, die mehr an sich und nur ihren eigenen Vorteil denken, habe ich aussortiert. Die meisten habe ich schon längst überholt und sehe sie kaum noch im Rückspiegel.

Ausdauer, Fleiß und Loyalität zahlen sich einfach aus. Daran glaube ich bis heute.

Es gibt Menschen und auch Kooperationspartner, die waren von Anfang an dabei. Die kennen auch die Sandra, die noch nicht in den TV-Studios ein und aus ging und bei der Bank mit Kusshand zur Privatkunden-Lounge geleitet wird. Ich weiß, wie man sich fühlt, wenn man Angst hat, dass am Geldautomaten kein Geld mehr rauskommt, und zitternd die EC-Karte einschiebt. Wer damals bei mir war, ist es noch heute. Und ich weiche nicht von deren Seite. Ich bekomme beispielsweise fast tagtäglich Angebote von Konzernen, die mich von meinen langjährigen Kooperations-Unternehmen abwerben möchten. Oder deren minderwertige Produkte ich für viel Geld bewerben soll. Das schmeichelt mir, und die Summen, die da rumschwirren, sind durchaus attraktiv, aber das war nie eine Option für mich.

Derzeit boomt Social Media. Meine Accounts wachsen, meine Popularität steigt, und die Produkte, die ich bewerbe, finden hohen Anklang in meiner Community. Es ist beinahe logisch, dass es immer wieder Firmen gibt, die mich als Markenbotschafterin oder Werbegesicht abwerben wollen. Gleiches Produkt, andere Firma. Mehr Geld. Doch da bin ich zu 100 Prozent loyal. Ich bin keine dieser Influencerinnen, die heute für VW werben und morgen für Ford. Ich bleibe treu. Ob das wertgeschätzt wird, wird man sehen, wenn der Hype mal nachlässt.

Und die dubiosen Angebote beschränken sich nicht auf Konkurrenzprodukte: Oft schon hätte ich in den letzten Jahren Gelegenheit gehabt, dem Handwerk den Rücken zu kehren und einfach 365 Tage irgendwo in der Sonne zu liegen. Wenn man eine gewisse Reichweite und vor allem eine gewisse Glaubwürdigkeit aufgebaut hat, ist es einfach, Millionärin zu werden. Aber der einfachste Weg ist selten der beste.

So haben mich beispielsweise unzählige Glücksspiel-Plattformen über die Jahre angeschrieben und mir ein Leben in Reichtum auf Malta oder in Dubai versprochen. Aber für kein Geld der Welt würde ich dabei helfen, Menschen in die Spielsucht zu treiben. Ich werde mir keine 20.000-Quadratmeter-Luxusvilla im ewigen Sommer gönnen, wenn einfache, fleißige, nette Menschen, die mir vertraut haben, dafür zahlen müssen. Mit Geld, das sie am virtuellen Casinotisch verloren haben, weil ich ihnen das empfohlen hatte.

Die Bank gewinnt immer, und ich könnte easy ein Teil der Bank sein. Aber dann könnte ich nicht mehr schlafen, und viele meiner anderen Kooperationspartner würden mich nicht mehr wiedererkennen. Das wird nicht passieren. Heute nicht, und auch nicht in zehn Jahren. Wenn alle Stricke reißen, bin ich vorbereitet.

Ich habe schon monatelang von einem Drittel Lasagne am Tag gelebt. Mich haut es nicht um, wenn mein Mercedes, die Hotelsuiten und die Festgeldkonten irgendwann weg sein sollten. Ich werde viel dafür tun, dass das nie passiert, aber meine Seele werde ich nicht dafür verkaufen, um für immer auf der finanziellen Sonnenseite zu stehen. Ich habe die Menschen, die mir wichtig sind, um mich. Und die lieben mich, egal ob ich im Prada-Kostüm rumlaufe oder in alten Jeans vom Flohmarkt.

Den Leuten, die mir diese finanziell verlockenden, aber charakterlich abgrundtief zu verachtenden Angebote machen, schreibe ich immer zurück, dass ich für sie bete, und es sei nie zu spät, ein guter Mensch zu werden.

Wisst ihr, ich liebe mein Handwerk. Das, was ich tue, tue ich gerne, und es führt letztendlich zum Erfolg. Meine freie Zeit nutze ich einfach auch viel lieber dafür, für Gerechtigkeit zu kämpfen. Und so kämpfe ich tagtäglich weiter auf den Baustellen. Ich glaube, jeder Mensch hat etwas, wofür er brennt, was ihn mehr begeistert als alles andere. Man muss es nur identifizieren. Wenn man es dann gefunden hat und diese Begeisterung für sein Talent tagtäglich ausübt, führt es über kurz oder lang unweigerlich zum Erfolg.

EIN KINDERBUCH MUSS HER

Ich arbeite inzwischen seit vierzehn Jahren als Anlagenmechanikerin. Das ist eine sehr lange Zeit, in der ich wirklich fast alles erlebt habe. Es gibt viele positive Erlebnisse, aber leider auch immer noch reichlich negative Erfahrungen. Bei meinen Kunden überwiegt inzwischen positives Feedback. Klar, da ist immer mal wieder ein Macho, der mich fragt, seit wann Frauen im Handwerk arbeiten dürfen, oder der bei der Arbeit hinter mir steht und mir über die Schulter schaut, ob ich denn auch alles richtig und sorgfältig mache.

Aber gerade alleinstehende Frauen sagen oft, dass sie sich sehr freuen, eine Frau im Haus zu haben und keinen fremden Mann. Bei meinen Kollegen musste ich mich anfangs natürlich immer erst beweisen. Das ist aber okay – das müssen andere auch. Die Neuen müssen den Platzhirschen zeigen, dass sie auch gut sind. Nachdem sie meine Arbeit dann gesehen haben, akzeptieren sie mich und arbeiten gerne mit mir zusammen. Ich habe allerdings auch schon erlebt, dass ich mich bei einer Firma beworben habe und der Chef mir im Bewerbungsgespräch sofort zugesagt hat, sich dann aber einige Tage später telefonisch bei mir meldete und mir absagte. Es war dann immer dieselbe Geschichte: Seine Mitarbeiter wollten nicht mit einer Frau zusammenarbeiten und haben mit ihrer Kündigung gedroht.

Auf der Baustelle bekomme ich auch noch täglich schiefe Blicke oder muss Diskussionen führen, warum Frauen überhaupt auf der Baustelle arbeiten sollten. Ich finde, mit diesen Klischees muss endlich Schluss sein.

Trotz aller Widrigkeiten sollte man an den eigenen Träumen festhalten. Da ich kleinen Kindern, vor allem Mädchen, dazu Mut machen wollte, habe ich mit Britta Sabbag zusammen das Kinderbuch „BELLA BAUMÄDCHEN“ geschrieben.

Einige Eltern werden sich bestimmt beim Vorlesen ertappt fühlen, weil auch sie immer noch unbewusst an Klischees festhalten. Aber dann werden sie ihre Denkweise überprüfen – und schon habe ich gewonnen! Wir alle. Die gesamte Gesellschaft.

Die Idee zu einem Kinderbuch trug ich schon seit einigen Jahren mit mir rum. Sie ist in einem sehr traurigen Moment entstanden. Wer mich in den sozialen Medien verfolgt, weiß, dass ich eigentlich eine lebensfrohe und selbstbewusste junge Frau bin. Aber wie jeder Mensch erlebe auch ich mitunter traurige Momente.

So war ich eines Tages nach der Arbeit – ich hatte gerade ein altes Bad mit dem Stemmhammer entkernt – in dreckiger Arbeitskleidung im Supermarkt, um mir noch schnell einen Kakao für den nächsten Tag zu holen. An der Kasse schaute mich ein kleines Mädchen von oben bis unten an. Ich glaube, es war einfach fasziniert. Eine junge Frau in dreckiger Arbeitskleidung hatte sie wahrscheinlich vorher noch nie gesehen. Ich lächelte sie freundlich an und wollte sie gerade ansprechen, als ihre Mutter sich zu dem Kind runterbeugte und sagte: „So was musst du dir nicht anschauen, solche Kleidung musst du nie tragen!“

Damals war ich so perplex, dass ich mundtot war. Es gibt Eltern, noch heute, die ihren Kindern suggerieren, fleißige, gute, harte Arbeit, bei der man sich auch mal dreckig macht, sei etwas Schlechtes. Etwas, für das man sich schämen müsse. Anstatt dem kleinen Mädchen zu erzählen, dass es ohne Handwerker keine Häuser, keine Möbel, keine Straßen, keine Badezimmer und keine Autos gäbe, zieht man sie von diesem „unwürdigen“ Bild weg. Das war doch unglaublich.

Wenig später, als ich im Auto saß, kam ich wieder zu mir. An diesem Abend schwor ich mir, ab sofort gegen jegliche Klischees anzukämpfen und aufzuklären. Ich habe mir gedacht: Je früher, desto besser – also gleich bei den Kindern anfangen. Die sind noch unvoreingenommen und brauchen gleich ein starkes Mädchen, zu dem sie aufschauen können und das ihnen aufzeigt: Du kannst alles sein, für Träume gibt es kein Nein! Klare Sache: Es musste ein Kinderbuch her. Und als Corona uns ereilte, habe ich den Entschluss gefasst, jetzt die unverhoffte freie Zeit zu nutzen.

Gemeinsam mit der Bestsellerautorin Britta Sabbag habe ich dann „BELLA BAUMÄDCHEN“ geschrieben, und Igor Lange hat es illustriert. Eine starke Bilderbuchfigur, die genau das aufzeigt: dass Kinder, und insbesondere Mädchen, ALLES sein können. Ähnlichkeiten mit mir sind natürlich rein zufällig.

Ich selbst habe für mich meinen Weg gefunden, und mit der Leidenschaft und dem unermüdlichen Einsatz kam auch das Geld. Inzwischen verdiene ich gut, ich habe mein Haus komplett renoviert und mir meinen ersten eigenen neuen Mercedes gekauft.

Ich werde nie vergessen, wie ich den Wagen abgeholt habe. Ich fuhr mit meinem Mann extra zum Mercedes-Werk in Bremen. Dort wurden wir begrüßt, es gab eine Werksführung, ein schönes Essen, ein Gläschen Champagner – und zum Dessert stand dann da das Auto. Anschließend sind wir mit dem neuen Mercedes direkt nach Berlin gefahren. Hier waren wir abends vom Rapper Prinz Pi zu einem Konzert eingeladen. VIP-Betreuung, Small Talk mit dem Künstler, und dann geruhsam und gemütlich im Fünfsternehotel in die Federn fallen. In dieser Nacht wurde unsere Tochter gezeugt.

Das zweite Auto, einen neuen Isuzu Pick-up, haben sie mir dann umsonst vor die Tür gestellt. Als Kooperations-Fahrzeug. Nur, damit ich damit auf Social Media meine Runden drehe. Das ist das Paradoxe in unserer Gesellschaft: Als ich nichts hatte, bekam ich noch nicht mal einen Kühlerschlauch für mein Auto umsonst, um von Berlin mit dem alten Ford Focus zurück nach Hause zu kommen. Heute, wo ich selbst genug Geld verdiene, geben sie mir Autos und laden mich zu Urlauben ein. Meine Freundin Marie hat dazu mal gesagt: „Der Teufel scheißt auch immer auf den größten Haufen", und da hat sie wohl recht! Niemand weiß, ob das ewig so weitergeht. Aber ich habe keine Angst vor der Zukunft. Denn auch wenn morgen plötzlich der Hype nachlässt, weiß ich ganz genau: Mit meinem handwerklichen Geschick werde ich immer genug verdienen, um gut leben zu können.

Und wir alle kennen sie, diese Sprüche, dass Geld allein nicht glücklich macht. Mit mehr Umsatz kommen auch mehr Kunden, mehr Menschen und Firmen, die auf dich angewiesen sind. Die sich auf dich verlassen. Die in dich investieren. Die sich etwas von dir versprechen, deren Erwartungen du erfüllen musst. Diese Verantwortung ist viel größer als früher. Wenn ich heute einen großen Job in den Sand setzen würde, hätte das womöglich weitreichende Folgen. Der Kunde möchte nicht mehr mit mir arbeiten, es gäbe Schadenersatz- und Rückzahlungsforderungen. Das kann schnell gehen.

Dazu die Bürokratie. Als Anlagenmechanikerin gehe ich morgens zur Arbeit, baue Bäder, mache Mittagspause und gehe abends wieder heim. Einmal im Monat erhalte ich eine Gehaltsabrechnung, zum Ersten des Monats ist mein Geld auf dem Konto. Steuern, Krankenkasse, das ist alles schon berechnet und abgezogen. Ich muss nichts machen.

Als Selbstständige sieht das ganz anders aus: Täglich flattern mindestens 50 E-Mails rein (sinnlose Newsletter mal nicht mitgezählt). Alle möchten eine Antwort. Dazu kommen Hunderte von Nachrichten auf meinen Social-Media-Profilen. Auch da erwartet jeder eine Antwort. Die Kunden möchten betreut werden, das Finanzamt verlangt seinen Teil, Anwälte durchforsten Verträge für neue Kooperationen oder Projekte. Wenn irgendwo auch nur eine Kleinigkeit schiefläuft, platzt eventuell ein ganz großes Projekt – und immer bin ich verantwortlich.

Geld kann dir diesen Druck nicht nehmen, aber natürlich ist das eine Art positiver Stress. Lieber Stress haben als hungern, oder? Ich würde euch gerne erzählen: Vermögen aufbauen ist einfach. Da muss ich euch aber enttäuschen. Ihr müsst abliefern, anpacken – und das sieben Tage die Woche, 52 Wochen im Jahr. Und wenn ihr denkt, jetzt geht nichts mehr, dann müsst ihr trotzdem weitermachen und euch und allen anderen beweisen, dass es doch geht. Nur so werdet ihr euch mit ziemlicher Sicherheit einen finanziellen Puffer erarbeiten.

Aber was man mit eigenen Händen aufgebaut und erarbeitet hat, das darf man auch genießen und stolz sein. Geld war nie mein größter Ansporn, aber ich verteufle es auch nicht.

Es entlohnt für die vielen Jahre, in denen man mehr Kraft gegeben hat als die meisten anderen. Ich bin überzeugt, dass auch ihr diesen Erfolg erleben könnt: Ihr müsst nur bereit sein, all eure Energie und Leidenschaft in euer Talent zu stecken.

Keine Karriere verläuft immer linear nach oben. Man darf sich, vor allem am Anfang, wenn Erfolge und Geld noch nicht so sprießen, auch von Rückschlägen nie unterkriegen lassen. Fehler analysieren, den Fehler das nächste Mal vermeiden. Und Konsequenzen ziehen, wenn etwas nicht passt. So habe ich meine Arbeit als Anlagenmechanikerin SHK in Höxter nach zwei Jahren gekündigt. Man kann sich unmöglich tagtäglich von Menschen runterziehen lassen. Das kostet zu viel Kraft. Inzwischen arbeite ich seit vier Jahren in einem neuen Betrieb. Dort schätzt man mich und meinen Wert für die Firma.

TRÄUME WERDEN WAHR

FAMILIE

Nachdem ich mein Haus fertiggestellt hatte, habe ich ein weiteres gekauft. Eine absolute Bruchbude. Ich habe es abgerissen und baue jetzt dort ein Haus für fünf Parteien: die BAUMÄDCHEN-Villa. Der Bau wird in den sozialen Medien und im TV begleitet, und das Besondere daran ist, dass ich es fast ausschließlich mit Handwerkerinnen baue. Ich möchte damit beweisen, dass Frauen im Handwerk und auf der Baustelle genauso rocken wie die Männer, und jungen Frauen zeigen, wie viele schöne Gewerke es im Handwerk gibt. Hochschwanger habe ich dieses Projekt begonnen.

Mittlerweile bin ich seit fast zwei Jahren Mama, und zu dritt leben wir unseren Traum. Während der Schwangerschaft und besonders seit unsere Tochter auf der Welt ist, ist mir noch mal ganz klar geworden: Es gibt die große Liebe. Marc und ich sind immer füreinander da und nicht zuletzt das stärkste Team gemeinsam für unsere Tochter. Wir sind uns von der 2,99-Euro-Lasagne bis zum 450-Euro-Acht-Gänge-Menü immer treu geblieben und haben unser Schicksal stets selbst in die Hand genommen.

Und unser Leben hat sich mit der Geburt unserer Tochter um 180 Grad gedreht. Wir reisen jetzt als Familie und entdecken gemeinsam die Welt. Unsere Tochter hat in ihrem ersten Lebensjahr mehr von der Welt gesehen als ich in meinen ersten zwanzig Jahren. Und gemeinsam entdecken wir die Welt noch mal neu.

Unter uns gesagt: Dieses Buch hätte ich gerne erst in zwanzig Jahren geschrieben. Dann wäre hoffentlich meine BAUMÄDCHEN-Villa fertiggestellt und meine Tochter erwachsen. Doch der Verlag kam jetzt auf mich zu, und ich glaube auch nicht, dass es in zwanzig Jahren noch Bücher in dieser Form von Menschenhand geschrieben gibt. Irgendwann kommt eine KI-Software und schreibt bessere Bücher als alle menschlichen Autoren zusammen. Und ja, vielleicht kommen auch irgendwann KI-Roboter und bauen Bäder noch besser als alle Anlagemechaniker zusammen. Das Handwerk wird aber weiterhin goldenen Boden haben. Außerdem hat das Handwerk auch heute schon den größten Respekt verdient. Und erst in zwanzig Jahren über Gleichberechtigung zu schreiben – so lange wollte ich nicht warten.

Wer ein Kind großziehen kann, hat auch das Zeug zum Millionär. Ich versuche gerade beides, aber das mit dem Kind ist schwieriger.

WAS DIE ZUKUNFT WOHL BRINGT …

Ich selbst bin mit meiner Reise noch lange nicht am Ende, die größten Herausforderungen stehen noch an! Vielleicht lest ihr ja in zwanzig Jahren ein zweites Buch von mir, mit allem, was in den kommenden zwanzig Jahren passieren wird. Bis dahin habe ich noch viel vor: Weiterhin beruflich jeden Tag alles geben. Und was noch ziemlich neu, dafür aber noch viel wichtiger ist: Zu 100 Prozent für meine Tochter da zu sein. Ihr alle Liebe geben, die ich geben kann. Jeden Tag mit ihr spielen, mit ihr lachen, mit ihr lernen und ihr beim ersten Liebeskummer zur Seite stehen. Aber nicht nur die beste Freundin, sondern auch die strukturierte Mutter sein. Die Beschützerin. Die Frau, die täglich die richtigen Entscheidungen mit ihr treffen will und sie unterstützen und fördern will, wo es nur geht. Die ihr hilft, ihr Talent zu finden, aber die ihr eben auch die Zähne putzt, selbst wenn sie quengelt.

Ob mir das alles gelingt, weiß ich heute noch nicht.

MÜTTER IM HANDWERK

Ein besonders sensibles Thema, das mir aber, vor allem, seit ich selbst Mutter bin, sehr am Herzen liegt, ist der Mutterschutz im Handwerk. Während Frauen in anderen Branchen oft die Möglichkeit haben, während der Schwangerschaft angepasste Tätigkeiten zu übernehmen oder im Homeoffice zu arbeiten, ist das im Handwerk nur schwer umsetzbar.

Auf Baustellen oder in Werkstätten sind körperlich belastende Aufgaben oft unvermeidbar. Ob das Heben schwerer Materialien, das Arbeiten in unergonomischen Positionen oder der Umgang mit Maschinen und Chemikalien – all das ist für Schwangere nicht durchführbar. Dennoch gibt es kaum flexible Regelungen oder Alternativen, die es Frauen ermöglichen, während der Schwangerschaft weiterhin aktiv zu bleiben. Meiner Meinung nach ist es durchaus möglich, schwangere Handwerkerinnen verstärkt in organisatorischen oder beratenden Aufgaben einzusetzen, um sie während dieser Zeit zu entlasten.

Nach der Geburt kommen weitere Herausforderungen hinzu, die wir angehen müssen:

- Es braucht mehr familienfreundliche Arbeitszeitmodelle, die es Müttern ermöglichen, nach der Elternzeit in den Beruf zurückzukehren.
- Betriebe könnten Weiterbildungsprogramme anbieten, die Frauen nach der Elternzeit dabei helfen, wieder in ihren Beruf einzusteigen und ihre Kenntnisse aufzufrischen.
- Besonders selbstständigen Frauen wird es sehr schwer gemacht, ihre Berufstätigkeit und Mutterschaft zu verbinden. Sie müssen viel mehr vom Staat unterstützt werden, während und nach der Schwangerschaft. Zum Beispiel muss Kinderbetreuung steuerlich voll absetzbar sein - damit beide Elternteile arbeiten können!

Solche und ähnliche Maßnahmen können dazu beitragen, dass Frauen ihre Karriere im Handwerk nicht aufgeben müssen, sobald sie Kinder bekommen. Hier muss sich dringend etwas ändern, denn Gleichberechtigung bedeutet auch, Frauen die Möglichkeit zu geben, Beruf und Familie zu vereinbaren.

Was ich weiß: Ich werde jeden Tag mit aller Kraft und Leidenschaft versuchen, sowohl meiner Tochter als auch meinem Beruf gerecht zu werden.

Dabei werde ich eine Sache immer bewusst mitbedenken: Unverhofft kommt oft. Das kann eine Krankheit sein oder eine falsche finanzielle Entscheidung. Wenn man aber alles aus Leidenschaft gemacht hat, wenn man Spaß an seiner Arbeit hat, wenn man alle Momente mit seiner Familie geteilt und genossen hat, dann gab es keinen einzigen verlorenen Tag, egal wo wir in 20 Jahren stehen.

Bedingungslose Liebe werde ich immer dem Handwerk und meiner Tochter gegenüber verspüren. Und das ist es, was mich jeden Tag wieder antreibt, solange Gott mich lässt. Wenn ich nach einem harten Arbeitstag im Bett liege und meine Tochter sich an mich kuschelt, ist das für mich das größte Glück, was ich bisher erleben durfte. Ein Glück übrigens, das man sich nicht kaufen kann.

LEIDER KEINE AUSNAHME – UND MOTIVATION FÜR MEHR FRAUEN IM HANDWERK!

Eines ist sicher: Frauen gehören ins Handwerk – und die Zukunft des Handwerks gehört auch den Frauen.

Auf der Basis meiner Reichweite in den sozialen Medien erreiche ich Menschen weltweit, und viele Frauen und junge Mädchen haben sich über meine Community in den letzten Jahren an mich gewandt, um nach Rat zu fragen. Und diesen Frauen möchte ich in meinem Buch unbedingt eine Plattform bieten. Teils anonym, teils mit ihrem Klarnamen, möchten sie gerne darüber berichten, was ihnen widerfahren ist.

Ich habe lange darüber nachgedacht, ob ich diesen individuellen Erlebnissen hier öffentlich in meinem Buch eine Plattform geben soll. Nicht, weil ich an ihrer Authentizität zweifeln würde. Sondern weil es sehr persönliche, teilweise intime Erlebnisse sind, die auch verletzbar machen können. Viele Gespräche mit Betroffenen haben mir aber klar gezeigt: Es gibt einen großen Bedarf dafür, dass ihre Geschichten gehört werden – im Sinne der betroffenen Frauen, aber auch im Sinne der Horizonterweiterung aller anderen. Diese Erzählungen können anderen Frauen eine Hilfe sein und ihnen zeigen: Du bist nicht allein. Ich habe mich daher entschieden, diese Bereiche ungefiltert und unbeschönigt hier zu veröffentlichen.

Dieser finale Teil meines Buches soll ein Zeitdokument dafür sein, was leider aktuell im Handwerk für viele Frauen Alltag ist. Und eine ständige Motivationshilfe, das große Ziel nicht aus den Augen zu verlieren: Wir brauchen eine Welt, in der Frauen gleichberechtigt sind und ohne Angst vor Zurückweisung, Verächtlichmachung oder Beleidigungen alles machen können, wozu sie Lust haben. Also natürlich auch: sich für einen Handwerksberuf zu entscheiden.

Hallo liebe Sandra,

Frauen im Handwerk war für mich immer normal. Ich bin bei meinem Papa in der Werkstatt aufgewachsen. Für mich war es ganz normal, dass ich nach Benzin gestunken habe und dreckige, ölverschmierte Hände hatte. Bis zu dem Tag, an dem der Girls'Day anstand. Ich hätte nie vorher vermutet, was das Problem war. Ich kann als Frau genau das Gleiche wie ein Mann. Nachdem ich wusste, dass ich Kfz-ti werden wollte, schrieb ich Bewerbungen, und das war eine reine Katastrophe. Nur Absagen – und nicht, weil ich schlechte Noten hatte, sondern eine Frau bin. Von Aussagen wie „Wir haben keine Umkleide" bis zu was ich mir einbilde, ich „gehöre an den Herd, nicht unters Auto"...

Eine Chance bekam ich dann, weil mein Papa ein gutes Wort eingelegt hatte. Das Probearbeiten lief super, alle waren positiv überrascht von mir als Frau. Und dann kam die Absage: Wir haben uns für den anderen entschieden, der spielt Fußball in dem Verein, den wir fördern. Ein Schlag ins Gesicht. Ich habe mir so sehr gewünscht, einen Schwanz zu haben. Ich wollte doch einfach nur schrauben.

Mein Papa entschloss sich dann dazu, mich auszubilden. Hat alles seine Vor- und Nachteile.

Nach drei Jahren war dann die Gesellenprüfung. 116 Prüflinge, davon vier Frauen. Als ich zu meiner ersten Aufgabe kam, sagte der Prüfer: „Ich bin gespannt, wann du hier heulend rausrennst." Ich war erst mal geschockt. Sagte dann aber ganz schnell: „Bevor ich das tue, werden Sie hier heulend rausgehen, weil ich Ihnen beweise, wie gut ich bin."

Ja, und tatsächlich war ich die einzige Frau, die bestanden hatte.

Man muss sich als Frau immer beweisen, man muss immer viel mehr tun als alle anderen, und das ist einfach traurig.

Ich freue mich sehr, dein Buch irgendwann zu lesen.

Mit freundlichen Grüßen
Stephanie

Hallo Sandra,

Ich stell mich einfach mal kurz vor: Hi, ich bin Ilona, bin 19 Jahre alt und habe eine Ausbildung als Maler und Lackierer gemacht.

Meine Geschichte. Ich war bereits bei vielen älteren Kunden. Ich sag's jetzt mal so: 80 Prozent waren richtig aufgeschlossen, haben mich und meine Arbeitskollegin gelobt und gesagt, dass sie es wirklich super finden, dass Frauen auch im Handwerk arbeiten, haben uns etwas zu essen und zu trinken gegeben und auch das ein oder andere Trinkgeld.

Die anderen 20 Prozent sind froh, dass irgendwelche Handwerker kommen – aber wenn es eine Frau ist, geht das gar nicht. Ich hatte schon zweimal den Fall, dass die Kundschaft meinte, eine Frau gehört nicht auf die Baustelle, sondern muss zu Hause sein, um sich um Haus und Kinder zu kümmern.

Diese Kundschaften haben dann meinen Chef angerufen und ihm ausdrücklich erklärt, dass sie nur Männer auf der Baustelle haben möchten, weil eine Frau es nicht bringt auf gut Deutsch.

Ich hoffe, dass ich es deutlich erklären konnte.

Liebe Grüße
Ilona

Hallo liebe Sandra,

ich folge dir jetzt schon einige Jahre auf Instagram und finde es faszinierend, wie du dich so gut in dem Beruf und vor allem im Handwerk durchsetzt.

Ich bin keine Frau und auch nicht im Handwerk, aber ich habe eine Erfahrung aus der Industrie, die eventuell auch andere Blickwinkel zeigt.

Zu meinem Beruf: Ich bin technischer Projektleiter für Produktionsanlagen in der Automobilindustrie Zulieferer.

Ausbildung plus Weiterbildung zum Techniker. Ein typischer Männerberuf im Maschinenbau.

In diesem Bereich sieht man Frauen meist nur in Berufen wie Technische Zeichnerin. Aber ich treffe immer wieder vereinzelt auf sehr talentierte junge Frauen, welche sich sehr intensiv mit der Technik befasst haben und auch ganz andere Blickwinkel erfassen. Diese Erfahrungen helfen ungemein in der Planung und Auslegung solcher Linien.

Und deshalb finde ich als Mann es beschämend, dass dieses Thema noch immer so präsent ist. Und bis heute gibt es kaum einen Aufschrei, wenn ein Mann einen typischen Frauenberuf ausübt.

Wobei es dann wieder bei Berufen wie Friseur, Erzieher ... passiert, dass Männer automatisch als schwul bezeichnet werden. Hier gibt es auch das Problem der Gleichberechtigung!

Ich möchte zum Schluss noch mal klarstellen, dass ich der Meinung bin: Gleichberechtigung sollte kein Thema sein, weil jeder so akzeptiert werden sollte, wie er ist, und mit dem, was er tut.

Natürlich wird es immer den typischen Frauen- oder Männer-Beruf geben, aber wenn man sich für etwas berufen fühlt, muss/soll man das auch unbedingt machen. Diese Leute sind, mit sehr hoher Wahrscheinlichkeit, die Besten in ihrem Gebiet.

Gruß
Benny

Liebe Sandra,

Ich habe vor ein paar Jahren meine Ausbildung zur Anlagenmechanikerin SHK gemacht. In meinem Lehrbetrieb unter den Monteuren und in der Berufsschule war ich die einzige Frau. Ich habe viele schöne Erfahrungen gemacht und auch einige nicht so schöne.

Meine schlimmste Erfahrung war sexuelle Belästigung von Kundenseite. Ich habe nur geschwiegen, weil ich es nicht besser wusste. Hinterher sagte mein Kollege nur, dass ich mich an so was einfach gewöhnen müsste. Heute weiß ich es zum Glück besser.

Außerdem hatte ich häufig das Gefühl, mehr leisten zu müssen als die männlichen Azubis, um dieselbe Anerkennung zu bekommen. Das hat mich an einigen Tagen sehr fertiggemacht, sodass es Zeiten gab, in denen ich die Ausbildung abbrechen wollte.

Und dann waren da die schönen und herzigen Momente. Meistens waren es die Kundinnen, die sich darüber gefreut haben, dass endlich mal eine weibliche Monteurin vor der Tür steht. Diese Momente wiederum haben mich in meiner Ausbildungswahl bestätigt und mich motiviert, weiterzumachen.

Natürlich durfte es auch nicht fehlen, dass ich auf den Werbeflyern meines Lehrbetriebs im Großformat zu sehen bin. Noch eine Geste, die mich stolz macht.

Die Ausbildung hat mich selbstbewusster gemacht, und ich habe gelernt, für mich und meine Ziele einzustehen, sodass ich jetzt sagen kann: Ja, ich bin Handwerkerin und wahnsinnig stolz darauf!

Dir, liebe Sandra, möchte ich für diese Möglichkeit danken, meine Erfahrungen in Worte zu fassen. Das habe ich vorher noch nie gemacht, und es sind einige Tränen für diesen Text geflossen, die mich aber sehr befreit haben. Vielen Dank dafür!

Liebe Grüße
Anna

Hallo Sandra,

ich habe dein Reel auf Instagram gesehen, und es hat mich tief berührt. Ich wollte dir einfach schreiben, weil ich es großartig finde, dass du Geschichten von anderen

Menschen teilst und damit auf solche Themen aufmerksam machst.

Ich heiße Sarah, bin 23 Jahre alt und habe damals eine Ausbildung zur Malerin gemacht. Ich habe diesen Beruf geliebt und mache ihn auch heute noch privat, aber beruflich habe ich ihn aufgegeben – nicht, weil ich es nicht konnte, sondern wegen der männlichen Kollegen. Sie haben es mir so schwer gemacht, dass ich physisch und psychisch daran kaputtgegangen bin.

Obwohl meine Arbeit immer gelobt wurde – von Kollegen und vom Chef –, gab es dennoch ein Problem: Ich war eine Frau. Und das schien in ihren Augen nicht ins Handwerk zu passen.

Ich musste mir Sprüche anhören wie:

- „Zieh dich mal aus, um zu beweisen, dass du wirklich eine Frau bist."
- „Du solltest lernen, im Stehen zu pinkeln – die Toiletten sind ja nur für Männer."
- „BH? Brauchst du hier nicht – wir wollen ja auch was sehen."
- Oder mir wurde untersagt, bei Kunden auf die Toilette zu gehen, selbst wenn ich während meiner Periode dringend musste.

Manche sagten sogar, ich solle privat „in normalen Klamotten" vorbeikommen, um meine Weiblichkeit zu beweisen.

Ich habe diese Erniedrigungen nicht nur still ertragen, sondern auch meinem Chef gemeldet – in der Hoffnung auf Unterstützung. Doch statt mir zu glauben, stellte er mich als Lügnerin hin. Am Ende habe ich den Beruf aufgegeben, weil ich das nicht mehr aushalten konnte.

Das Schlimme daran ist: Frauen können in solchen Berufen genauso gut sein wie Männer – oft sogar besser. Aber wegen solcher Demütigungen und respektlosen Männern trauen sich viele Frauen nicht, in handwerkliche Berufe zu gehen. Dabei haben wir ein unglaubliches Talent und eine riesige Leidenschaft für diese Arbeit.

Mein Mann arbeitet selbst auf dem Bau, Bereich Heizung Sanitär, und sagt oft, dass ich geschickter bin als viele seiner männlichen Kollegen. Aber weil ich eine Frau bin, wurde mir das Recht abgesprochen, diesen Beruf zu lieben und darin aufzugehen. Und das von Männern, die selbst Familienväter sind. Damals war ich gerade einmal 17 oder 18 Jahre alt in meiner Ausbildung – so jung und voller Begeisterung.

Es braucht Mut, um seine Leidenschaft zu verfolgen, aber noch mehr Mut, um sich in einer Welt zu behaupten, die dich kleinhalten will.

Ich hoffe, dass Geschichten wie meine andere Frauen ermutigen, für ihren Traum zu kämpfen – und dass Männer erkennen, wie sehr ihr Verhalten Leben zerstören kann.

Einen schönen Tag wünsche ich dir, mach weiter so, bleib stark und dir selbst immer treu.

Beste Grüße
Sarah

Hey,

ich bin Marna, mittlerweile 28 Jahre alt und lebe in Osthessen. Ich bin gelernte Anlagenmechanikerin SHK.

Während meiner Ausbildung hatte ich schon Probleme, dass ich von einigen Kollegen nicht richtig akzeptiert wurde, und so blieb ich oft in der Firma zurück. Ein Altgeselle sagte einmal zu mir: „Die nehm ich nicht mit! Die gehört hinter den Herd, aber nicht auf die Baustelle!“

Nun ja, ich hatte aber auch tolle Kollegen, so bin ich auch zum Kundendienst gekommen, denn immer, wenn ich auf der Firma bleiben musste, hat mich ein lieber Kollege mitgenommen zu Heizungsstörungen oder zu einer Wartung. Und da war ich richtig gut drin.

Nach meiner Ausbildung habe ich eine Stelle als Kundendienstmonteur angetreten. In einer anderen Firma. Und ich musste in riesige Fußspuren treten, mein Vorgänger war über 20 Jahre in diesem Job tätig und von allen Kunden „verehrt". Er arbeitete bis zu seiner Rente – und dann kommt ein junges Mädchen, gerade mal 155 cm groß, und stellt sich als die Neue vor. Wie die Kunden geschaut haben, kannst du dir sicher vorstellen.

Dennoch habe ich es bei allen Kunden geschafft, dass sie mir vertrauen, und ich habe viel positives Feedback bekommen, da ich den Kunden mit mehr Geduld und sehr einfühlsam die Probleme oder die Funktionsweise der Heizungsanlagen erklären konnte. (So sagten es die Kunden immer wieder.)

Allerdings musste ich auch feststellen, dass es bei manchen Menschen einfach nichts nützt. Es war eine ganz normale Wartung an einem über 30 Jahre alten Vaillant-Gaskessel. Der Kunde war sicher schon 80+. Als ich den Anlagendruck auffüllen wollte, stellte ich fest, dass der alte Kugelhahn nicht mehr funktionierte. Also wollte ich den austauschen und holte meinen Schlauch und das nötige Werkzeug/Material in den Keller. Aber zum Austauschen kam ich nicht mehr, denn der Kunde warf mich im hohen Bogen aus seinem Haus und verlangte, dass ein „männlicher Kollege die Arbeiten abschließen sollte, der richtige Ahnung von den Arbeiten hat". Nun ja, ein Kollege hat die Arbeiten dann beendet, und mein Chef hat dem Kunden dann mitgeteilt, dass er sich nun eine andere Firma suchen sollte, denn mit solchen intoleranten Kunden möchte er keinen Kontakt haben und kein Geld verdienen.

Diese Firma war absolut super. Immer auf unser Wohl bedacht, und immer wurde eine Lösung gefunden!

Besonders hat mich auch gefreut, dass sie mittlerweile zwei Mädchen für die Ausbildung eingestellt haben.

Liebe Grüße

Marna

FÜR MEIN „LITTLE BAUMÄDCHEN“

Liebe Tochter. Liebes „Little Baumädchen“. Jetzt, wo ich diese Zeilen schreibe, sitzt du vor mir, strahlst mich mit deinen großen, wunderschönen Augen an und hörst zwar die Vokabel „Little Baumädchen“, aber was sie bedeutet, weißt du noch nicht. Aber heute, an dem Tag, an dem du diese Zeilen siehst, kannst du also inzwischen selbst lesen (Glückwunsch!) und bist am Ende des Buches deiner Mama angekommen. Vielleicht verstehst du jetzt noch besser, warum wir, deine Eltern, deine Talente so sehr fördern möchten. Ich bin sicher, du begreifst nun noch ein bisschen besser, in welche Familie du hineingeboren wurdest, woher die ganze Liebe kommt, mit der wir dich umhüllen und beschützen möchten, und was deine Eltern und Großeltern für Menschen sind. Wir wünschen dir, dass du selbstbewusst aufwächst, und hoffen, dass du weißt, es gibt keine großen Probleme oder Sorgen, wenn du sie mit uns teilst. Es gibt Lösungen für alles, das versprechen wir. Denn wir sind immer für dich da. Das war gestern so, das ist heute so und das wird auch morgen so sein. Mama & Papa

DANKE

Wie sagt man so schön: Last but not least. Zuletzt bleibt mir daher nur noch eins, nämlich mich zu bedanken. Die Autorin steht immer groß auf dem Cover, im Klappentext und auf den Plakaten. Wen man aber selten, eigentlich so gut wie nie findet, sind die Lektorin und den Lektor. Für dieses Herzensprojekt habe ich mir meine Lektoren im Vorfeld selbst ausgesucht. Ich musste nicht lange überlegen und habe mir Marie von den Benken und Alex Diekmann gewünscht. Sie sind nicht nur die besten Lektoren, die ich kenne, sondern auch seit Jahren gute Freunde. Es wurde eine gemeinsame Reise, die wir nie vergessen werden. Ich glaube, wenn man ein Buch schreibt, träumt man immer von den Klischees des erfolgreichen Top-Autors. Man sitzt am Kamin in einer tollen Hotelsuite, blickt auf das Panorama eines wunderschönen Urlaubsortes oder die idyllische Ruhe einer einsamen Hütte in den Bergen, in die man sich mit kreativen Köpfen zurückzieht, um sein Buch zu schreiben. Als Handwerkerin und Mutter einer kleinen Tochter sieht die Realität dann aber doch etwas anders aus. Ich hätte gerne ein paar Monate in der Sonne gesessen, mir Kaltgetränke bringen lassen und mich rund um die Uhr kreativ mit meinem Manuskript auseinandergesetzt. Zwischendurch mit dem zauberhaften Kind spielen, das den Rest des Tages mit dem Papa den Strand unsicher macht, Eis schleckt und die Zeit seines Lebens genießt. Doch was soll ich sagen: Am Ende war es ganz knapp etwas anders: Ich saß nach langen Tagen auf Baustellen, Modeljobs oder Fernsehauftritten mit dem Laptop auf dem Sofa und tauschte mich mit meinem Lektorenteam via Teams aus. Klingt jetzt weniger sexy als die Hotelsuite und die Drinks, oder? Aber genau hier, zwischen Wäschebergen, die man parallel noch falten muss, im ganzen Haus verteiltem Kinderspielzeug, das sich nicht von allein wegräumt, und dem Schlachtfeld eines Wohnzimmers, wie es ein knapp ein Jahr altes Kleinkind eben hinterlässt nach einem spielintensiven Tag, exakt hier ist diese wirklich magische Stimmung entstanden, die es mir und uns ermöglicht hat, dieses Buch zu schreiben. Marie und Alex sind selbst Eltern eines Sohnes, der fast gleichzeitig mit unserer Tochter geboren wurde. Er ist nur vier Wochen jünger. Wenn die beiden Kinder dann endlich mal schliefen, haben wir oft bis spät in die Nacht über das Buch philosophiert, aber auch über das neue, schöne und auch aufregende Leben mit unseren Kindern. Als wir uns kennenlernten, waren die Fashion Weeks dieser Welt unser Zuhause. Jetzt standen wir knietief in Windeln und rekordverdächtig dreckigen Stramplern – und liebten es noch mehr als jeden Runway, auf dem wir gelaufen oder an dem wir in der Front Row gesessen hatten. Bei Tee statt Rotwein, auf der eigenen Couch statt beim fancy Italiener. Kein Alkohol natürlich. Das gehört zu unserem neuen Leben jetzt auch dazu. Man muss ja immer fahrtüchtig bleiben, falls mal etwas passieren sollte. Genau in diesem Szenario, so glamourös wie eine TV-Serie über einen Kindergarten, haben wir Bilder und Videos unserer Kinder ausgetauscht, endlose Tipps und Ratschläge zur Kindererziehung bewertet, und wie nebenher ist dieser intime Einblick in mein Leben entstanden. Rückblickend betrachtet, waren es diese beiden Wohnzimmer in Schlangen und Berlin, verbunden durch eine Video-Streaming-Leitung und unendlich viel freundschaftlichen Austausch, in denen man sehen und spüren konnte: Hier wachsen neue, junge, unbefleckte, glückliche Leben heran. Diese Atmosphäre ist besser als jedes Hotelzimmer in einem Luxustempel oder jede einsame Prachthütte auf der Alm. Ich finde, das spürt man auch, wenn man das Buch heute liest. Dafür ganz lieben Dank an euch, liebe Marie und lieber Alex, dass ihr diese Reise mit mir gegangen seid.